POPs知多少之氟代持久性有机污染物

生态环境部对外合作与交流中心 / 主编

中国环境出版集团 · 北京

图书在版编目（CIP）数据

POPs知多少之氟代持久性有机污染物 / 生态环境部对外合作与交流中心主编. -- 北京 : 中国环境出版集团,2020.12（2023.3重印）

ISBN 978-7-5111-4580-2

Ⅰ. ①P… Ⅱ. ①生… Ⅲ. ①氟化物－有机污染物－普及读物 Ⅳ. ①X5-49

中国版本图书馆CIP数据核字(2020)第263758号

出 版 人　武德凯
责任编辑　曹　玮
责任校对　任　丽
装帧设计　岳　帅

出版发行　中国环境出版集团
（100062 北京市东城区广渠门内大街 16 号）
网　　址：http://www.cesp.com.cn
电子邮箱：bjgl@cesp.com.cn
联系电话：010-67112765（编辑管理部）
发行热线：010-67125803，010-67113405（传真）
印　　刷　玖龙（天津）印刷有限公司
经　　销　各地新华书店
版　　次　2020 年 12 月第 1 版
印　　次　2023 年 3 月第 2 次印刷
开　　本　880×1230 1/32
印　　张　4
字　　数　100 千字
定　　价　25.00 元

中国环境出版集团郑重承诺：

中国环境出版集团合作的印刷单位、材料单位均具有中国环境标志产品认证。

编委会
Editorial Committee

前言 Foreword

为保护人类健康和环境安全，2001 年 5 月 22 日，联合国环境规划署（UNEP）在瑞典斯德哥尔摩通过了《关于持久性有机污染物的斯德哥尔摩公约》（以下简称《公约》）。《公约》旨在减少和消除持久性有机污染物（POPs）的排放和释放，是国际社会对有毒化学品采取优先控制行动的重要依据。随着全球履约行动的不断开展，氟代持久性有机污染物由于其具有高持久性、高生物累积性等特点，引起了国际社会的高度关注。但是由于氟代持久性有机污染物包括的物质非常多，应用范围广，对其进行管控将涉及众多行业，为此，关于增列此类物质的议题谈判一直都进行得非常激烈。

我国作为世界上该类物质的主要生产国，履行《公约》给相关行业带来了压力，再加上我国对自身环境和健康风险的管控需求不断提高，这对该类物质的管控和替代等工作又提出了新的要求与挑战。

由于氟代持久性有机污染物的复杂性，公众很难对其进行科学全面的了解和认知，仅通过媒体针对污染事件报道的片段式信息更是无法建立起对该类污染物的系统性认知，进而采取合适的应对态度。为了提高国内相关部门、非政府组织以及广大公众对以全氟辛基磺酸（PFOS）和全氟辛酸（PFOA）等全氟和多氟烷基物质（PFAS）为代表的氟代持久性有机污染物问题的科学认知程度，使他们积极参与该类物质的污染防治和履约工作，本书从科普的角度，系统全面地介绍了氟代持久性有机污染物的基础知识、健康风险、国内外行动、替代技术和绿色生活等内容。

本书将在科普氟代持久性有机污染物知识和提高社会各界对于该物质的科学认知方面发挥积极作用，希望能够使更多的人士积极关注和参与到我国淘汰和削减 POPs 行动的工作中来，共同推进氟代持久性有机污染物污染防治工作的深入开展。

本书第一章由黄俊、葛羽锡编写，第二章由黄俊、冯思元编写，第三章由任永、张彩丽、黄俊编写，第四章由苏畅、张志丹编写，第五章由黄俊、程雪编写，第六章由苏畅、陶橙编写。全书由苏畅、冯思元、葛羽锡统稿、校核，由黄俊、任永定稿。

本书的编写和出版得到了清华大学持久性有机污染物研究中心、新兴有机污染物控制北京市重点实验室、中国环境科学学会 POPs 专业委员会的大力支持和帮助，在此表示感谢！

同时，在本书编写和出版过程中，生态环境部对外合作与交流中心余立风副主任给予了大力支持，清华大学余刚教授审读了本书并提出了宝贵意见，在此一并致谢！

编写委员会

2020 年 11 月 25 日

本书中出现的英文缩写（产品代号）

PFAS	全氟和多氟烷基物质
PFCAs	全氟羧酸
PFBA	全氟丁酸
PFPeA	全氟戊酸
PFHxA	全氟己酸
PFHpA	全氟庚酸
PFOA	全氟辛酸
PFNA	全氟壬酸
PFDA	全氟癸酸
PFSAs	全氟磺酸
PFBS	全氟丁基磺酸
PFPeS	全氟戊基磺酸
PFHxS	全氟己基磺酸
PFHpS	全氟庚基磺酸
PFOS	全氟辛基磺酸
PFNS	全氟壬基磺酸
PFOSF	全氟辛基磺酰氟
APEO	烷基酚聚氧乙烯醚
HFPO-DA	六氟环氧丙烷二聚体酸
GenX	六氟环氧丙烷二聚体酸的铵盐
ADONA	全氟烷基醚酸的铵盐
FC-80	全氟辛基磺酸钾
FT-248	全氟辛基磺酸四乙基胺

PBT	持久性、生物累积性和毒性
PMT	持久性、迁移性和毒性
vPvB	高持久性和高生物累积性
vPvM	高持久性和高迁移性
AFFF	水成膜泡沫
AR-AFFF	抗溶型水成膜泡沫
FFFP	成膜氟蛋白泡沫
AR-FFFP	抗溶型成膜氟蛋白泡沫
8:2 FTS	8:2 氟聚磺酸
6:2 FTS	6:2 氟聚磺酸
FP	氟蛋白泡沫
AR-FP	抗溶型氟蛋白泡沫
PTFE	聚四氟乙烯
LD_{50}	半数致死量
EC_{50}	半最大效应浓度
NOEC	最大无影响浓度
NOAEL	无明显损害作用水平
F-53B	全氟烷基醚磺酸钾

本书中出现的计量（换算）单位

ppm	mg/L
ppb	μg/L
ppt	ng/L
$1\ ppm=10^3 ppb=10^6 ppt$	

目 录
Contents

第四章　国内行动知多少 /67

第五章　替代技术知多少 /81

CHAPTER 1

第一章

基础知识知多少

1. 关于PFAS的纪录片

在2018年第34届圣丹斯电影节上，一部特殊的纪录片吸引了人们的注意。在《我们知道的魔鬼》(*The Devil We Know*)的海报上，从不粘锅中冒出的“骷髅头”令人不寒而栗。这部由Stephanie Soechtig导演的调查性纪录片，讲述了发生在20世纪七八十年代美国西弗吉尼亚州帕克斯堡的一起污染事件。帕克斯堡是杜邦（DuPont）公司生产用于不粘锅涂层中的聚四氟乙烯（PTFE）材料的工厂所在地。在PTFE的生产过程中，全氟辛酸（PFOA）会以副产品的形式微量残留于产品内并在高温下释放出来，作为全氟和多氟烷基物质（PFAS）中的一种常见化合物，PFOA曾被全球多家制造商用作生产含氟聚合物的加工助剂。

美国俄亥俄州和西弗吉尼亚州的居民共进行了3 550起诉讼，称他们因饮用受到杜邦公司释放的被PFOA污染的饮用水而患病。2017年2月，杜邦公司和科慕（Chemours）公司最终同意支付6.7亿美元用于解决诉讼，其解决方案为其他地区PFOA类似案件的解决提供了很好的借鉴。与此同时，在美国纽约州胡西克福尔斯、美国阿拉巴马州以及荷兰多德雷赫特，被PFAS污染的水体也逐步受到关注。根据美国国家环保局（USEPA）2010—2015年PFOA环境计划的要求，杜邦公司研发了不使用PFOA的新产品和不会分解产生PFOA的工艺，引入了六氟环氧丙烷二聚体酸的铵盐（GenX）作为PFOA的替代品并成功实现了工艺转换。然而不久之后，由替代品GenX引起的新一轮PFAS污染事件又在美国北卡罗来纳州的威明顿上演。

另一部关于PFAS污染事件的电影《黑暗水域》（*Dark Waters*）是根据美国Taft律师事务所的Bilott律师在杜邦公司化学污染诉讼中所发挥的作用而改编的，于2019年11月上映。Bilott是Taft律师事务所环境诉讼、产品责任以及人身伤害项目组的成员；还担任针对杜邦公司的多区诉讼（MDL）原告指导委员会（PSC）的联合首席律师和顾问，负责PFOA人身伤害的索赔，代表众多客户处理涉及联邦、州和地方的环境法相关诉讼的各种事务。

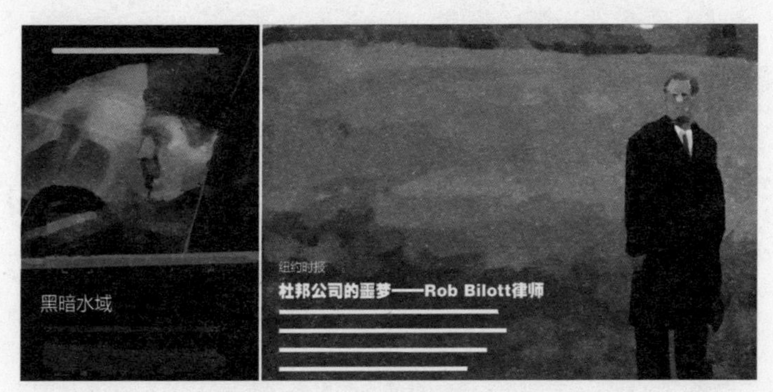

《纽约时报》曾以《杜邦公司的噩梦——Rob Bilott律师》为题进行了专题报道。在这篇报道的最后这样写道：

“如果这个最终的标准得以确定，对未来的世代是件好事。但对于正在读这篇文章的你，PFOA已经在你的血液里，在你父母的血液里，在你孩子的血液里，在你爱人的血液里。”

“它怎么跑到那些地方去的？通过空气、食物、你用的不粘锅、你的脐带，也可能是你喝过的受污染的水。USEPA 在美国 27 个州的 94 个供水系统里发现了 PFOA。”

“科学家在世界上很多动物的脏器里都发现了 PFOA 的踪迹，如三文鱼、剑鱼、鲱鱼、灰海豹、鸬鹚、阿拉斯加北极熊、棕色鹈鹕、海龟、海鸥、秃鹰、海狮，还有北太平洋海岛上的信天翁。”

2. PFAS 与长链 PFAS

氟是一种非常活泼的元素，包含至少一个氟原子的物质被称作含氟物质，其中 PFAS 是分子结构被高度氟化的脂肪族化合物。脂肪族化合物是由连接着氢原子的碳原子相连而组成的开链化合物（即不闭合成环状），而在 PFAS 中，碳链上连接的氢原子被更加活泼的氟原子取代。例如，烷基的通式为 C_nH_{2n+1}，其中氢原子被氟原子取代后的全氟烷基的通式变为 C_nF_{2n+1}。

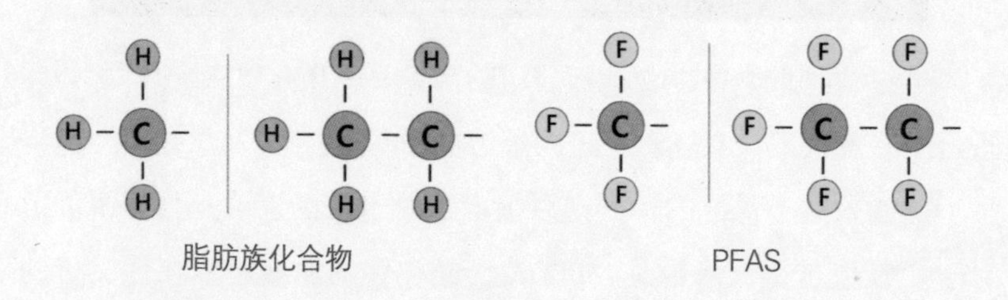

所有的 PFAS 都含有一条由连接着氟原子的碳原子组成的链，这些与氟烷基相连的碳原子是构成 PFAS 骨链的基础。全氟烷基物质是碳链上与碳原子相连的氢原子全部被氟原子取代后形成的脂肪族化合物；而多氟烷基物质的碳链上至少有一个与碳原子相连的氢原子被氟原子取代。有一些 PFAS 在这条碳链的尾端还连接有不同的官能团，这些结构使 PFAS 具有不同的化学名称和性质。全氟烷基物质的碳原子数量不同，连接的官能团各异，因此 PFAS 包含的物质数量庞大，并且还在不断增加。根据 USEPA 最新发布的 PFAS 名单，已有 6 330 种物质被收录。

PFAS物质树

PFAS 中常见的官能团主要是羧基和磺酸基。羧基是由 1 个碳原子、1 个氧原子和 1 个羟基（–OH）组成的官能团（–COOH），在全氟烷基物质的碳链末端连接 1 个羧基就构成了全氟羧酸（PFCAs）。典型的 PFCAs 是 1 条含 7 个碳原子的全氟烷基链与羧基相连而形成的 C8 物质全氟辛酸（PFOA）。磺酸基是由 1 个硫原子、2 个氧原子和 1 个羟基组成的官能团（$-SO_3H$），它与全氟烷基链相连便构成全氟磺酸（PFSAs），如 C8 物质全氟辛基磺酸（PFOS）即在 1 条含 8 个碳原子的全氟烷基链的末端连接磺酸基而形成。

PFAS 可以分为两大类：聚合物和非聚合物。其中最为人所熟知的是已经被列入《关于持久性有机污染物的斯德哥尔摩公约》（以下简称《公约》）的 PFOS 和 PFOA，以及即将被列入《公约》的全氟己基磺酸（PFHxS）。

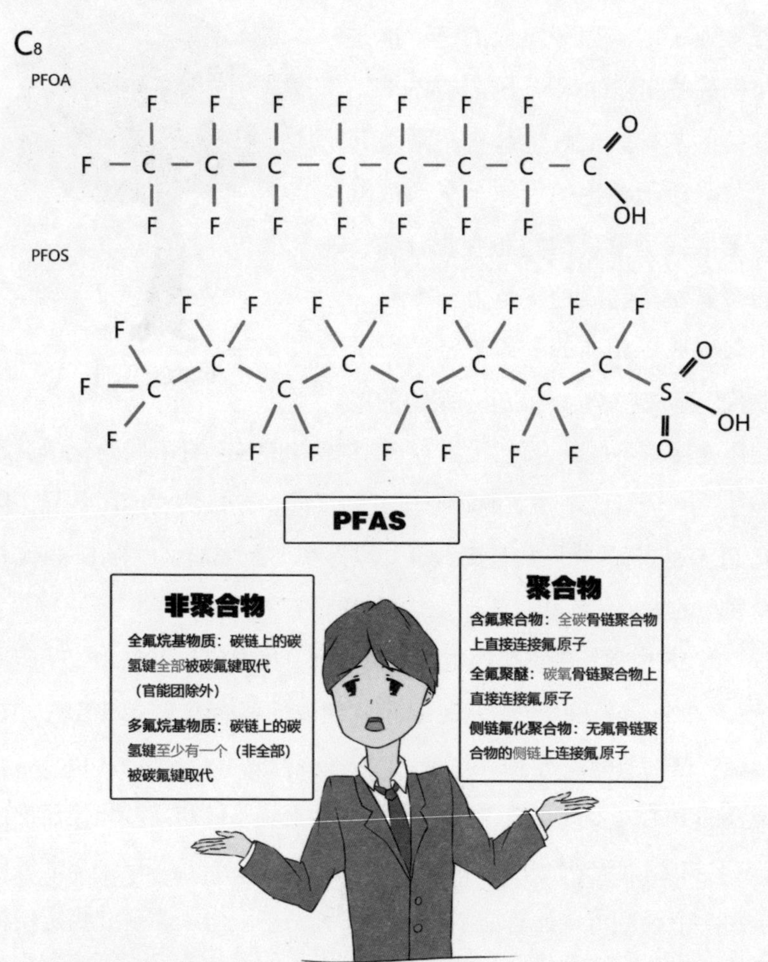

PFAS 的碳链越长，其化学性质越稳定，在环境中越难降解，危害越大，因此目前研究的关注重点主要在长链 PFAS 上。按照 PFAS 的命名规则，将长链 PFAS 分为三类：

（1）长链全氟羧酸（PFCAs）：含有 7 个及以上全氟烷基碳原

子的 PFCAs，如 PFOA（7 个全氟烷基碳原子）和 PFNA（8 个全氟烷基碳原子）；

（2）长链全氟磺酸（PFSAs）：含有 6 个及以上全氟烷基碳原子的 PFSAs，如 PFOS（8 个全氟烷基碳原子）和 PFHxS（6 个全氟烷基碳原子）；

（3）其他能够降解为 PFCAs 或 PFSAs 的物质，如 PFOSF（可降解为有 8 个全氟烷基碳原子的 PFSAs）和 8:2 FTS（可降解为有 8 个全氟烷基碳原子的 PFSAs）。

碳原子数/个	4	5	6	7	8	9	10	11	12
PFCAs	短链 PFCAs				长链 PFCAs				
	PFBA	PFPeA	PFHxA	PFHpA	PFOA	PFNA	PFDA	PFUnA	PFDoA
PFSAs	短链 PFSAs		长链 PFSAs						
	PFBS	PFPeS	PFHxS	PFHpS	PFOS	PFNS	PFDS	PFUnS	PFDoS

3．PFAS 被用作氟表面活性剂

表面活性剂由于可以使液体表面张力显著下降而被广泛应用在生活和工业中，其本质是一类两亲性分子，由两部分组成：一部分是亲油（疏水）基团，最常见的是 8 个碳以上的烷基或烷基苯基；另一部分是亲水（疏油）基团，一般为离子或极性基团。普通表面活性剂的疏水基团大多是碳氢链，如常见的 SDS（十二烷基硫酸钠，$C_{12}H_{25}SO_4Na$），因此也称为碳氢表面活性剂。将普通表面活性剂分子中碳氢链上的氢原子全部或部分用氟原子取代，就变为氟表面活性剂，也被称为氟碳表面活性剂、碳氟表面活性剂或含氟表面活性剂等。

氟表面活性剂与非氟表面活性剂（如碳氢表面活性剂、含硅表面活性剂等）相比，表面性能更为优异，具有高表面活性、高热稳定性、高化学稳定性。很多氟表面活性剂在很低浓度的水溶液中可以达到极低的表面张力，这是其他任何非氟表面活性剂所不能达到的，因此也有人把氟表面活性剂称为超级表面活性剂（super surfactant）。若将普通表面活性剂比作“工业味精”，氟表面活性剂就可称为“工业味精之王”。

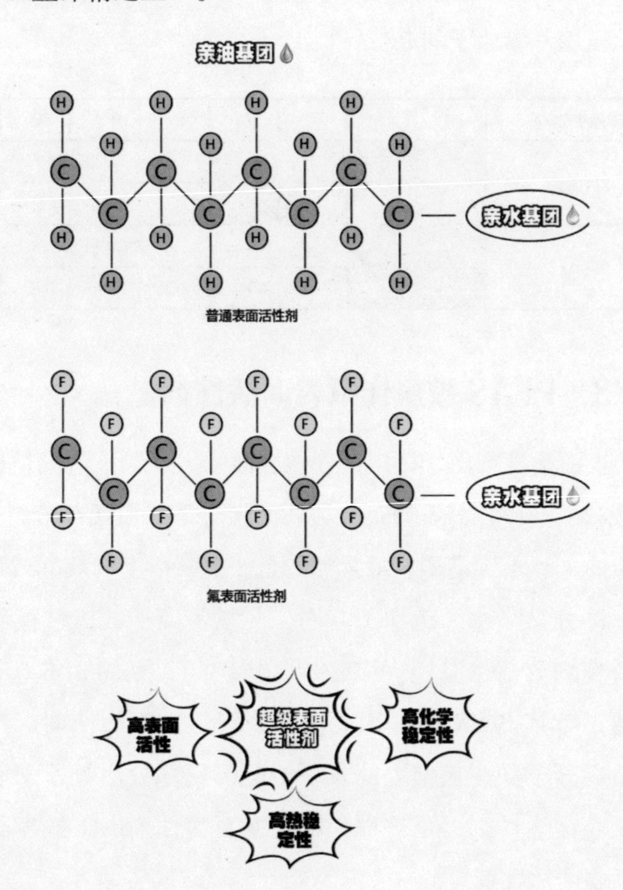

氟表面活性剂最主要的结构单元是氟烷基，不同氟表面活性剂结构的差别主要体现在氟烷基的不同。与碳氢表面活性剂不同的是，常用的氟表面活性剂的疏水链较短，碳氟主链一般不超过 8 个碳原子，含有 8 个以上氟烷基碳原子的表面活性剂通常由于其水溶性差，较少在水溶液中使用。但通过在分子中增加亲水基来提高其亲水性（如增加亲水基的数目或延长亲水基的链长），使其达到适宜的亲水—疏水平衡，也可得到表面活性很高的含 8 个以上氟烷基碳原子的表面活性剂。氟表面活性剂的一个重要的结构特征是亲油的氟烷基大多不直接与亲水基相连，而是通过一个中间基团（连接基）连接。连接基的类型多种多样，大多含有氮、硫、氧 等原子。连接基通常会增加表面活性剂的疏水性，导致表面活性剂在有机溶剂和脂肪中的溶解度增加；另外，连接基也能起到调节氟表面活性剂性能的作用，如调节润湿性。

除了水溶性的氟表面活性剂，还有一类油溶性氟表面活性剂。油溶性氟表面活性剂分子以碳氟链为亲水基，以碳氢链为亲油基，最大的特点是能降低油的表面张力，因此可用于非水溶液。

4. 泡沫灭火剂的出现

1967 年 7 月 29 日，驻扎在北部湾的美国超级航空母舰“弗瑞斯特号”（USS Forrestal）正准备派出舰载机执行轰炸越南的任务。突然甲板上发生大爆炸，随即发生火灾，造成 134 人死亡、161 人受伤、21 架飞机损毁以及航空母舰本身重创的惨重事故。经调查发现，事故起因为一架 F-4 幽灵 II 式战斗机上所挂载的祖尼火箭（Zuni rocket）走火，并击中甲板上一架 A-4 天鹰式攻击机上满载燃油的外挂油箱，倾泻而出的航空燃料着火后发生剧烈爆炸，酿成惨剧。这是美国历史上最严重的海军灾难之一，直接损失超过 5 亿美元。

1967年美国“弗瑞斯特号”航空母舰事故

此前美国海军研究实验室（NRL）在 3M 公司支持下研发出一种高效灭火剂——水成膜泡沫灭火剂（以下简称泡沫灭火剂，AFFF），并于 1967 年获得专利，后来 3M 公司对其实现商业化生产，并将“轻水泡沫”（Light Water™）用作商品名。此次事故后，美国海军要求所有航空母舰配载 AFFF 来保护官兵的生命安全，并制定了军用标准（MIL-F-23905B）。此后，许多涉及燃油火灾隐患的设施场所（如机场、油库、石油炼制工厂等）也广泛配备 AFFF 来扑灭液体火灾和可熔化的固体物质火灾（B 类火灾）。由于 AFFF 控火速度快、灭火效果好、贮存时间长，在其问世后的几十年中，在发达国家长期占据 B 类火灾灭火剂市场的主导地位。

5．泡沫灭火剂的分类和灭火原理

泡沫灭火剂是专门为扑灭B类火灾而设计的灭火剂，根据其核心成分的不同可分为含氟泡沫灭火剂和无氟泡沫灭火剂。尽管近年来无氟泡沫灭火剂得到了一定的发展，但含氟泡沫灭火剂由于其出色的灭火性能依然占据了主要的市场份额。含氟泡沫灭火剂主要包括水成膜泡沫灭火剂（AFFF）、抗溶型水成膜泡沫灭火剂（AR-AFFF）、成膜氟蛋白泡沫灭火剂（FFFP）、抗溶型成膜氟蛋白泡沫灭火剂（AR-FFFP）、氟蛋白泡沫灭火剂（FP）、抗溶型氟蛋白泡沫灭火剂（AR-FP）。氟表面活性剂是上述类型含氟泡沫的关键成分，可显著降低液体表面张力，实现快速灭火，具有低吸收性和高抗烧性。

传统的AFFF中氟表面活性剂的主要成分是PFOS及其衍生物，同时包括碳氢表面活性剂、稳泡剂、抗冻剂等助剂。在目前用于扑灭B类火灾的灭火剂中，AFFF由于水成膜和泡沫的双重灭火作用而具有最佳灭火效果，而且AFFF中97%以上的组分是水，这使得它成为国际上重点发展的灭火剂。AFFF的灭火原理是通过很低浓度的氟表面活性剂水溶液在油面上的铺展，从而由漂浮于油面上的水膜层和泡沫层共同达到扑灭火灾的目的。当把AFFF喷射到燃油表面时，泡沫会迅速在油面上散开，并析出液体冷却油面。析出的液体同时在油面上铺展形成一层水膜，与泡沫层共同抑制燃油蒸发。这不仅可以使油与空气隔绝，泡沫受热蒸发产生的水蒸气还可以降低油面上方氧的浓度，析出液体的铺展作用又可带动泡沫迅速流向

尚未扑灭的区域进一步灭火。

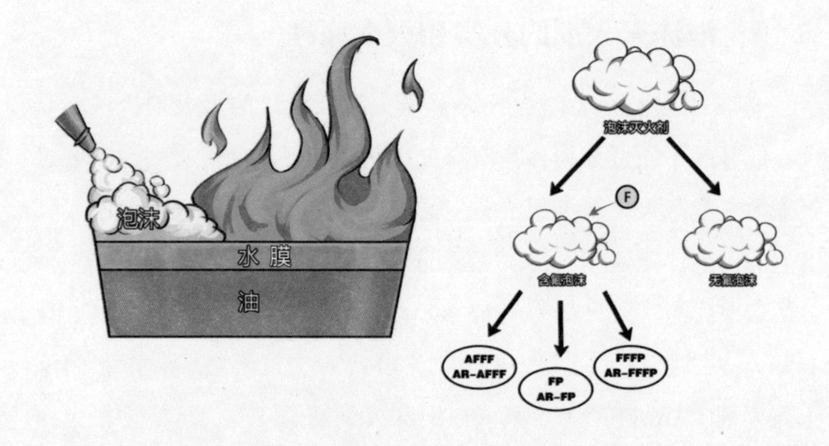

6. 泡沫灭火剂的使用可能会造成 PFAS 向环境排放

20 世纪 70—90 年代，3M 公司的泡沫灭火剂和其他以氟表面活性剂为主要成分的含氟泡沫是性能最好的灭火材料。该类含氟泡沫在使用过程中，通过用水稀释的泡沫浓缩液形成耐热的泡沫层，来达到迅速冷却并隔绝碳氢化合物燃烧的目的。氟的存在有助于形成一种低表面张力的薄膜，并迅速扩散到易燃液体的表面。泡沫灭火剂可以极大地保障人类的生命安全并避免巨额的财产损失。

但是，由于泡沫灭火剂通常是在室外环境中使用，所以它成为向环境排放 PFAS 的主要载体。在使用泡沫灭火剂的过程中，如果不对消防废水进行收集和妥善处理，将会造成 PFAS 直接进入环境，包括受纳地表水体、周边土壤及地下水，而由于 PFAS 具有极高的化学稳定性，它们会长久地存在于环境中。研究表明，饮用水中

PFAS 的存在与包括癌症在内的疾病紧密相关。

火灾事故使用水成膜泡沫灭火剂后留下消防废水

2000 年，3M 公司承认，其生产的泡沫灭火剂中使用的基于 PFOS 的含氟表面活性剂会在环境中积聚，并逐渐累积在人和动物体内，在一些地区引起了健康问题。而基于 PFOA 的含氟表面活性剂也与人类健康问题相关。然而，许多美国军事科学家、消防专家认为，含氟表面活性剂在保障生命和财产安全方面至关重要，因为它们比其他替代物（如碳氢表面活性剂和蛋白泡沫）能够更快速地灭火。

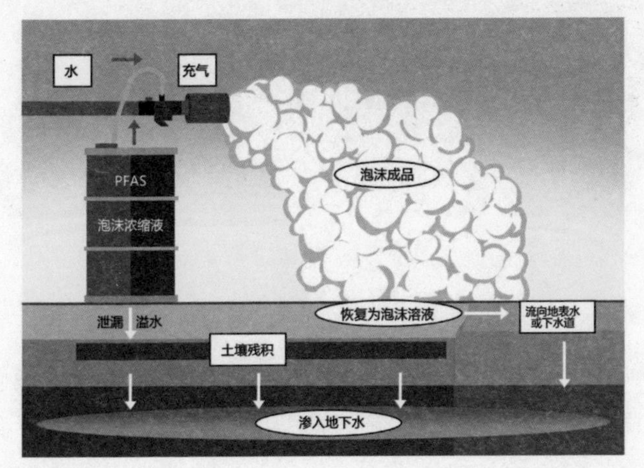

美国国防部2017年的一份报告指出，有393处军事设施因使用含PFOS或PFOA的泡沫灭火剂而污染饮用水。2018年，美国华盛顿州通过立法，从2020年开始禁止使用含PFOS的泡沫灭火剂（除机场、军事基地、炼油厂和化工厂火灾），不能将其用于燃料泄漏和汽车火灾。2018年10月，美国总统特朗普签署了《联邦航空管理局再授权法案》，要求联邦航空管理局在2021年前允许民用机场使用无氟泡沫（现在的规定是要求美国机场使用含有PFOS的军用级泡沫）。2019年4月，美国肯塔基州和弗吉尼亚州分别通过立法，要求分别在2020年7月之后和2021年7月之后禁止在消防演练中使用含PFAS的消防泡沫，只允许在紧急情况下使用。

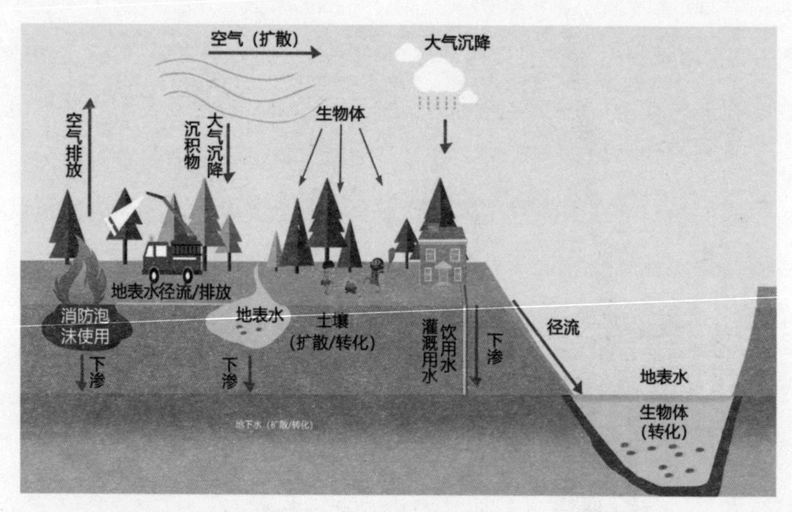

泡沫灭火剂的使用可能造成PFAS向环境排放

美国环境工作组（EWG）和国际消除持久性有机污染物联盟

（IPEN）等环保公益组织提出停止在泡沫灭火剂中使用PFOS。Chemours、Dynax、AGC Chemicals等氟表面活性剂供应商，以及Perimeter Solutions和Solberg等泡沫生产商，正逐渐向C6含氟表面活性剂转型，它们认为这种表面活性剂比基于C8的含氟表面活性剂更安全，生物蓄积的可能性更小，但事实是否像它们所预想的那样还需要进一步研究论证。未来无氟泡沫是否可以取代含氟泡沫还存在很大争议。

7．PFOS被用作铬雾抑制剂

电镀是利用电解原理在金属表面镀上一层其他金属或合金，以起到防止内部金属氧化等作用的过程，是跨行业、跨部门的工业生产技术和工艺，其存在已有上百年的历史。其中，电镀铬产生的铬层具有硬度高、耐磨、耐热、耐腐蚀、不易变色并能长期保持光泽等多项特性，因此电镀铬技术在装饰和功能性电镀技术中占据重要位置。

常见的电镀铬产品

电镀铬工序是电化学的电解沉积过程。由于电化学作用，在阴极产生的氢气和阳极产生的氧气会以气体形式溢出，导致溶液中的

CrO_3 被带出，产生含铬酸的烟雾。这种铬酸雾有强烈的腐蚀性，会污染车间其他表面处理的电解槽，并造成高达 5% ~ 10% 的 CrO_3 损失，同时铬酸雾毒性大，会对人体和环境造成很大影响。为了解决这一问题，行业采取了多种措施。早期是进行抽风，该方法不仅消耗大量能源，而且污染环境，CrO_3 损失问题也没有得到根本解决；后期发展为通过安装回收装置来回收 CrO_3，该方法虽然在一定程度上降低了环境污染，但仍然会消耗大量能源，且 CrO_3 的回收率很低。

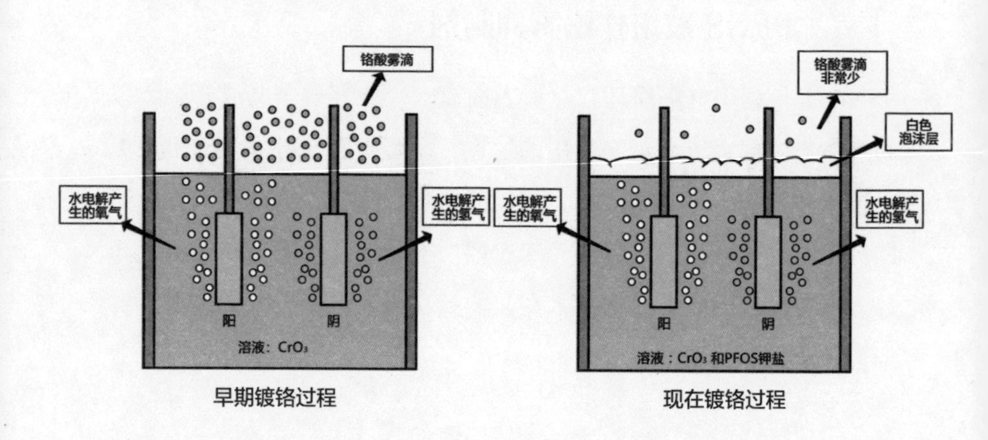

20 世纪 80 年代后，电镀行业开始使用氟表面活性剂作为铬雾抑制剂，其中最为常用的是 PFOS 钾盐，典型的品牌有：3M 公司的 FC-95、安美特（Atotech）公司的 Fumetrol 140 等。铬雾抑制剂以极微剂量加入电镀槽液，一方面可大幅降低槽液的表面张力，利于 H_2、O_2 等气体溢出，另一方面能在槽液表面形成一层致密的泡沫层，使 H_2、O_2 等气体溢出的同时阻止 CrO_3 夹带溢出，从而可防止铬酸雾产生，同时 CrO_3 损失量也明显减少，且不会改变镀铬层的物理本

性及抗腐蚀能力，因此使用非常广泛。

2019 年之前，我国电镀行业在镀铬过程中曾使用过两种 PFOS 类铬雾抑制剂，分别为 FC–80 和 FT–248。

	FC–80	FT–248
中文名称	全氟辛基磺酸钾	全氟辛基磺酸四乙基胺
英文名称	potassium perfluorooctane sulfonate	tetraethylammonium perfluorooctane sulfonate
分子式	$C_8F_{17}O_3SK$	$C_{16}H_{20}F_{17}O_3NS$
结构式	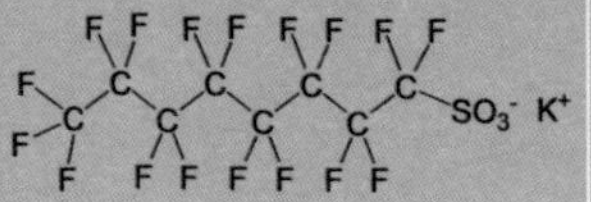	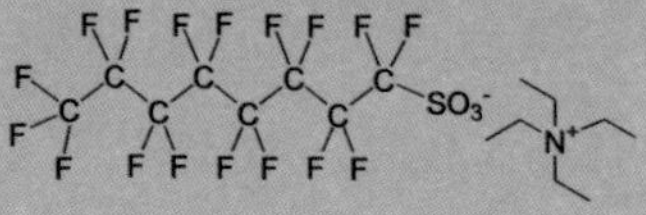

8．氟虫胺是 PFOS 的重要前体物

氟虫胺（$C_{10}H_6F_{17}NO_2S$）又称 N– 乙基全氟辛基磺酰胺，是一种无色晶体，熔点 96℃，不溶于水，易溶于乙醇，由美国固信公司（Griffin Corporation）于 1989 年率先研制出来并在美国完成原药登记。后来，它被富美实公司（FMC）等多家美国农药公司作为有效成分用于防治白蚁、火蚁、蚂蚁的饵剂产品生产。氟虫胺具有慢性毒性作用，进入昆虫体内可引起胃毒作用，抑制昆虫的能量代谢，同时结合蟑螂、白蚁、蚂蚁等社会性昆虫的生活习性，利用它们在信息传递中的虫体接触，在群体中引起二次中毒、三次中毒，从而达到消灭整个群体的目的。氟虫胺对哺乳动物的 LD_{50}>5 000 mg/kg，按杀虫剂毒性分级属微毒级。它的实际使用量与气雾剂、喷射剂相比，可节约 70% ～ 95%，大大减少了使用杀虫剂对环境的污染。

然而氟虫胺被发现能够快速代谢生成 PFOS，因此被认为是 PFOS 的重要前体物。后来由于 USEPA 针对氟虫胺提出了淘汰要求，各厂商已于 2008 年 5 月前自愿撤销了所有相关产品在美国的登记。

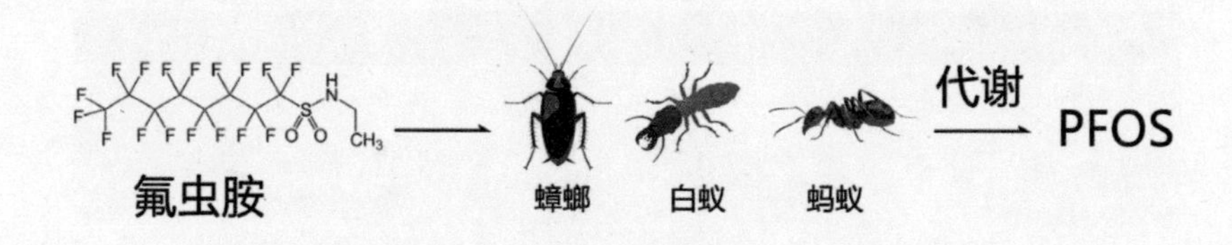

根据我国农药登记信息数据，氟虫胺在我国曾作为防治白蚁、蜚蠊、红火蚁的饵剂产品的活性成分，但为履行《公约》，目前我国所有涉及氟虫胺农药的登记均已失效，相关产品均已停产。

9. PFOA 的铵盐是聚四氟乙烯的加工助剂

含氟聚合物是高分子聚合物中与碳主链相连接的氢原子全部或部分被氟原子所取代的一类聚合物，如氟树脂、氟橡胶和氟涂料。主要的含氟聚合物包括：聚四氟乙烯（PTFE）、聚三氟氯乙烯（PCTFE）、聚偏氟乙烯（PVDF）、聚氟乙烯（PVF）、四氟乙烯 – 六氟丙烯共聚物（FEP）、乙烯 – 三氟氯乙烯共聚物（ECTFE）、乙烯 – 氟乙烯共聚物（ETFE）、四氟乙烯 – 全氟烷基乙烯基醚共聚物（PFA）、四氟乙烯 – 六氟乙烯 – 偏氟乙烯共聚物（THV）和四氟乙烯 – 六氟丙烯 – 三氟乙烯共聚物（TFB）等。

含氟聚合物的特点是对有机溶剂、酸和碱都有很高的耐受性，最常见的含氟聚合物是 PTFE。PTFE 是 1938 年由杜邦公司的 Roy J. Plunkett 博士偶然发现的，当时他正在研究与制冷剂有关的气体。

在检查冷冻、压缩的四氟乙烯样品后，他和同事们有了意外的发现：样品自发聚合成白色蜡质固体，形成 PTFE。PTFE 对几乎所有化学品均呈惰性，并且被认为是现存最光滑的材料，这使其成为极具价值、用途相当广泛的技术发明之一。科学界将 PTFE 的发明形容为“一次机缘巧合、一次灵光乍现、一次幸运意外 —— 甚至是三者的混合产物”。Plunkett 博士于 1973 年入选塑料业名人堂，并于 1985 年入选美国国家发明家名人堂。目前，PTFE 的应用已从国防领域扩展到石油化工、机械、电子、建筑、纺织等国民经济的各个领域。PTFE 因其优异的化学稳定性、耐高低温性能、不粘性、润滑性、电绝缘性、耐老化性、抗辐射性等特性，被称为“塑料王”。

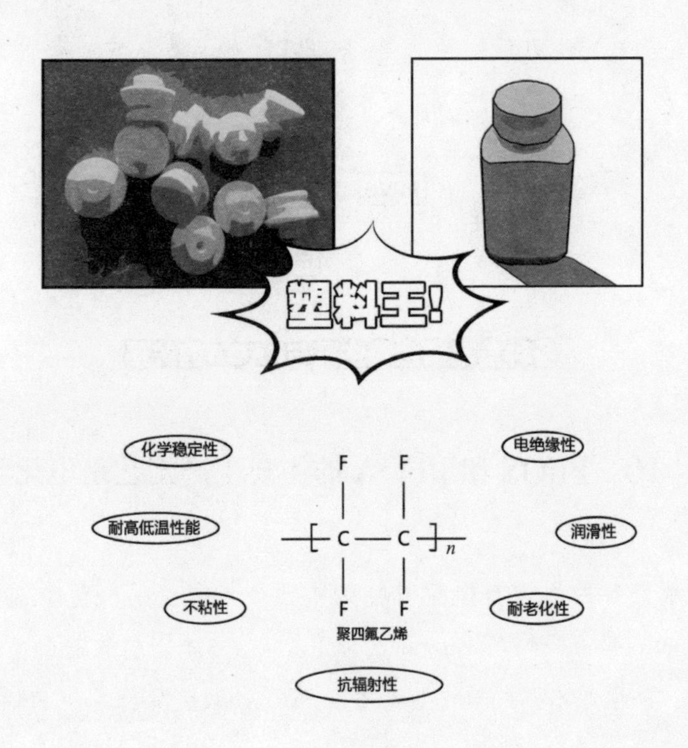

然而在 PTFE、PVDF、FEP 以及 PFM 的乳液聚合生产过程中，需要 PFOA 的铵盐（APFO）作为加工助剂。目前我国每年利用乳液聚合法生产的氟树脂和乳液所需的 PFOA 为 250 ～ 300 t，由于部分已用替代品替代，实际年用量约 200 t，其中绝大部分供应给国内含氟聚合物生产企业作为分散乳化剂使用。

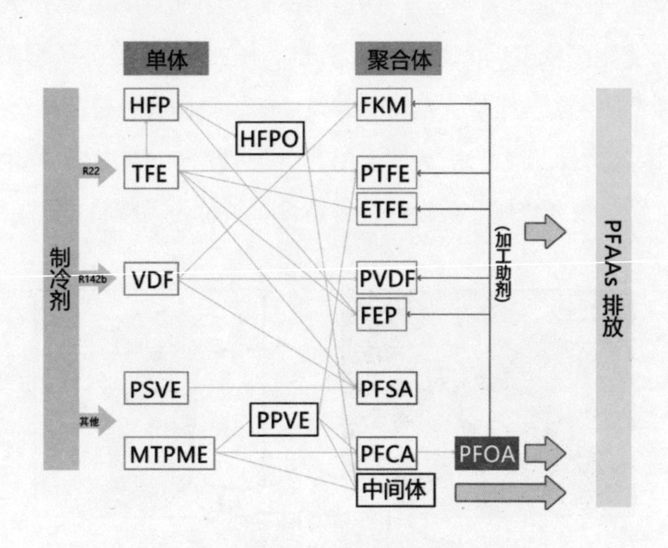

各种含氟聚合物生产与PFOA的关系

10. PFOS 和 PFOA 的主要生产工艺是电化学氟化法

制备各种含氟有机化合物的重要技术方法是电化学氟化法（Electrochemical Fluorination，ECF）。在 3M 公司的资助下，美国宾夕法尼亚州立大学的 Joseph H. Simons 教授发明了 ECF 制备氟碳化合物的新方法，并在1951年和3M公司一起获得相关专利的授权。

电化学氟化法是将需要被氟化的物质溶解或分散于无水氢氟酸（HF）中，在低于8 V（一般为4～6 V）的直流电压下进行电解。在此电压范围内，物质在阳极被氟化，其中的氢原子被氟原子取代，其他一些官能团如酰基和磺酰基等仍被保留，而在阴极则有H_2生成。整个电解过程中，HF具有双重作用，即溶解有机物的溶剂和提供氟离子的氟源。为确保材料的耐腐蚀性能，通常情况下，以镍或铂作为阳极，阴极则多为钢制。随着氟化程度的不断提高，氟化产物在无水HF中的溶解度逐渐降低，最终在阳极周围形成与溶剂不相混溶的氟相，由于其相对密度较大，极易从电解槽底部分离出来。

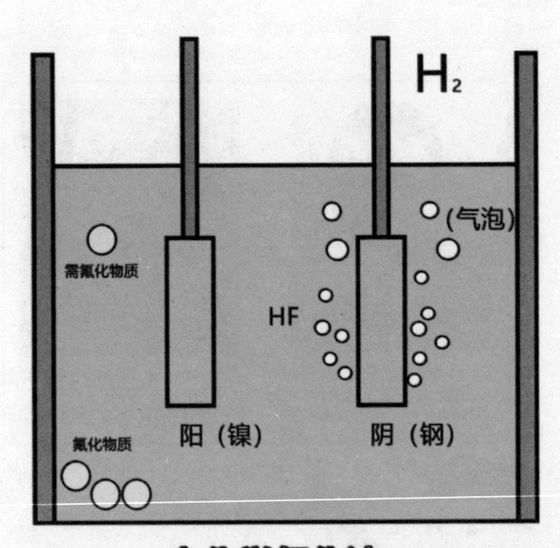

电化学氟化法

电化学氟化法的典型例子是烷基酰氯和烷基磺酰氯分别在无水 HF 中电解生成两种重要的 PFOS 合成中间体——全氟烷基酰氟和全氟烷基磺酰氟。

$$C_nH_{2n+1}COCl + HF \xrightarrow{\text{电解}} C_nF_{2n+1}COF$$

$$C_nH_{2n+1}SO_2Cl + HF \xrightarrow{\text{电解}} C_nF_{2n+1}SO_2F$$

有了电化学氟化法，20 世纪 40 年代起，3M 公司迅速开始了以 PFOS、PFOA 为代表的全氟烷基酸及其衍生物的商业生产。

除了电化学氟化法，调聚法和齐聚法也被用于生产氟表面活性剂。

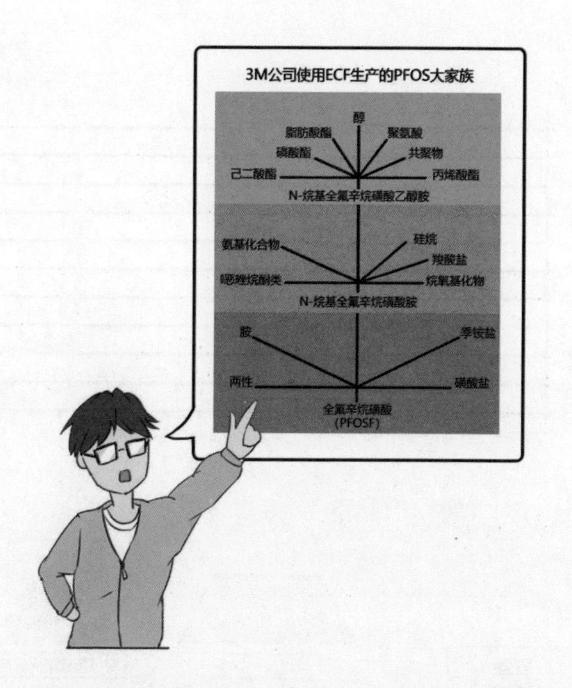

11. 3M公司曾经是全球PFOS的主要生产者

1952年，3M公司率先将PFOS/PFOSF投入商业生产，以PFOSF为原料所生产的一系列产品在商业上获得了巨大成功，多年来3M公司一直雄踞全球PFOS产量的首位。

资料表明，3M公司历史上共生产了约75 000 t的PFOS（按PFOSF计），其中最高年产量达3 500 t，而其他公司的产量则非常有限。2000年5月，3M公司宣布启动PFOS自愿停产计划，并在2002年年底彻底停止生产。

3M公司所生产的基于PFOS的产品主要可以分为三大类，即表面处理剂、纸张包装保护剂和功能化学品。

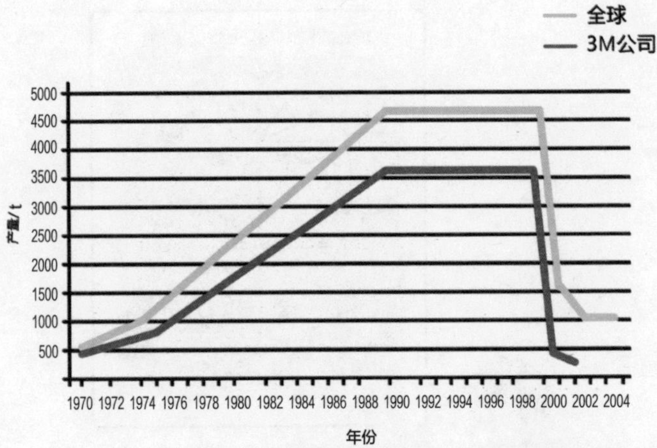

估计的全球PFOS年产量（1970—2004年）

12. PFAS 因具有高稳定性被称为“永久化学品”

由于氟原子的电负性很大，与碳原子和其他原子所形成的化学键相比,碳氟键的键长更短而键能更强。氟被称为“赋能者”(enabler),氟原子的引入赋予了表面活性剂无与伦比的性能，使得碳氟链既憎水又憎油。氟表面活性剂的性能通常可归纳为“三高”“两憎”，即高表面活性、高热稳定性、高化学稳定性，憎水、憎油。

由于 PFAS 可防水、防污、防油，因此在各行各业得到广泛使用。例如，成衣（如防水及防污户外服饰）及家居纺织品（如地毯、家具布料），不粘涂层厨具（如不粘锅涂层），食品包装（如快餐盒及食物包装纸），个人护理产品（如牙线），工业及家居清洁用品（如地板蜡、除蜡剂），石头、瓷砖及木材密封剂，经处理的非梭织医护服装及泡沫灭火剂。

由于 PFAS 的分子结构中含有大量的碳氟键，结构非常稳定，不仅在自然环境条件下难以发生微生物降解、光解和水解等，并且常用的物理化学处理技术也无法有效地降解它们，因此 PFAS 被称为“永久化学品”（Forever Chemicals）。

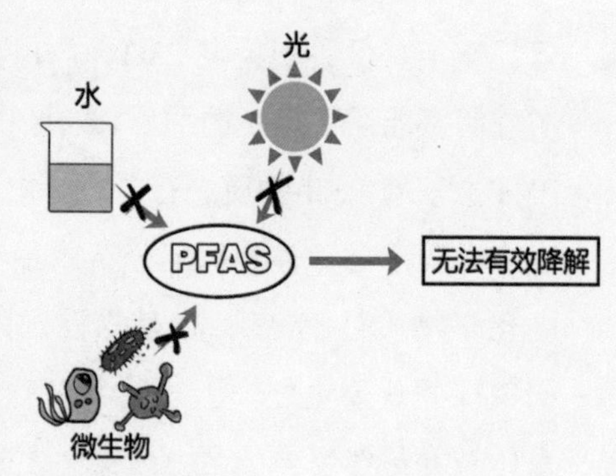

从应用的角度来看，高稳定性使 PFAS 能够适应如电镀行业的热铬酸槽液、易燃液体引起的火灾等极为苛刻的使用场景，经久耐用；而从环保的角度来看，强持久性使 PFAS 在环境中可能会累积并长期影

响生态环境和人类健康。PFAS的环境持久性远高于其他种类的人工合成化学品，因此一旦进入环境便长期存在，人类和其他生物都将面临暴露在更高PFAS环境浓度的风险之中。

13. PFAS风险管理的重要主题

2020年10月14日，欧盟委员会（EC）发布欧盟化学品可持续性战略。该战略指出，需要加强关于化学品的监管框架，以进一步提高对人类健康和环境保护的水平，特别是避免暴露于内分泌干扰物、化学品组合产品（包括进口产品）中的危险化学品以及非常持久的化学物质中。欧盟《关于化学品注册、评估、许可和限制的法规》（以下简称REACH法规）特别关注管理持久性、生物累积性和毒性（PBT）物质，以及高持久性和高生物累积性（vPvB）物质，其目标之一是在可获得合适的技术和经济可行的情况下替代PBT物质和vPvB物质。但是，REACH法规并未解决持久性、迁移性和毒性（PMT）物质以及具有高持久性和高迁移性（vPvM）物质的问题。

为了解决这个问题，德国联邦环境局（UBA）于2019年向欧盟提交了一份关于鉴定PMT和vPvM物质的方法。这种方法是为了查明可能需要控制的物质，以保护作为饮用水或食品生产来源。PMT方法对PMT物质进行分类，并认为对于确定为vPvM的物质，没有必要考虑毒性数据。公认的最有可能显示PMT和vPvM特性的化学物质是PFAS，这是当前国际化学品监管部门和学术界共同关注的重要主题。上述特性意味着PFAS可能会容易进入环境水体，并最终影响饮用水安全。并且在此概念下，可以认定短链

PFAS 和长链 PFAS 及其许多替代品（如 HFPO–DA）都是 vPvM 物质。

PMT / vPvM 物质鉴定标准的引入，与 REACH 法规现有的 PBT / vPvB 物质鉴定标准相结合，将更加广泛地涵盖 POPs，包括之前备受关注的高辛醇 – 水分配系数（K_{OW}）的疏水性物质（$\log K_{OW} > 5$ 的物质）和被新标准包括在内的低 K_{OW}（$\log K_{OW}<4$）物质。

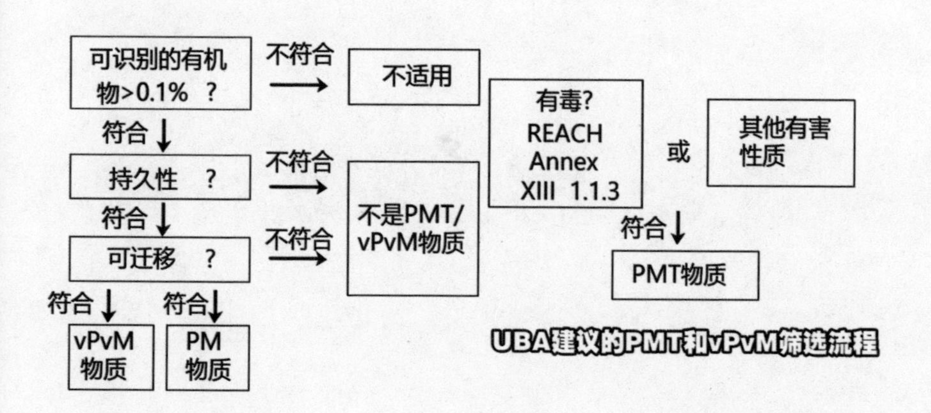

UBA建议的PMT和vPvM筛选流程

POPs知多少之氟代持久性有机污染物

CHAPTER 2

第二章

健康风险知多少

14. PFAS 的特殊毒性

大多数 POPs 都具有较强的亲脂性，这意味着它们比较容易聚集在生物体内的脂肪中。然而，PFAS 由于其特殊的化学性质，对蛋白质有很强的亲和能力，因此会富集在生物体的肝脏和血液等蛋白质含量较高的组织器官中。肝脏是人体重要的营养物合成及代谢器官，与其他组织进行营养物质的转化和运输。在对哺乳动物进行的毒理学实验中，随着 PFAS 暴露浓度的增加，受体出现明显的体重降低，摄食量减少，脂肪组织和免疫器官萎缩，肝脏组织明显肿大等症状。作为 PFAS 的主要蓄积器官，肝脏的生物学功能，尤其是糖代谢和脂代谢功能受到干扰。此外，作为典型的环境内分泌干扰物（Endocrine Disrupting Chemicals，EDCs），PFAS 可以通过与受体结合或者直接作用于与合成代谢有关的蛋白质来干扰生物体的代谢过程。PFAS 还可以通过升高细胞内的钙离子浓度和增强钙离子通道，产生急慢性神经毒性效应。相关研究表明，PFAS 对神经元的损害程度主要取决于其碳链长度以及连接在氟烷基链上的官能团。

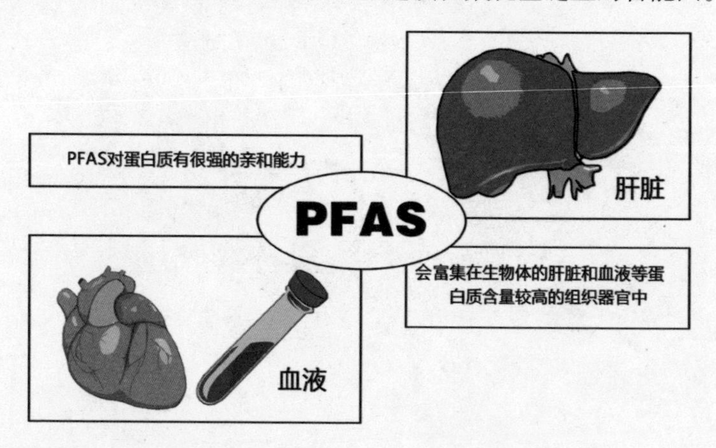

15. PFOS 和 PFOA 在人体内被广泛检出

PFAS 已经在超过 50 年没有监管的情况下进行生产、使用和处置。空气和水将 PFAS 从生产源带到了全球的各个角落，甚至偏远地区。根据 2007 年美国疾病预防控制中心（CDC）的报告，PFAS 在美国 99.7% 的人群的血液中被检出，特别是以下四种：PFOS、PFOA、PFHxS 和 PFNA。3M 公司也对其员工体内的 PFOS 和 PFOA 浓度进行了检测，结果显著高于一般人群。

1999—2000 年美国全国性健康和营养调查项目的数据显示，调查对象 PFOA 血液浓度平均为 5.2 ng/mL，而对杜邦公司华盛顿工厂附近污染饮用水暴露的 6 个县进行队列研究，这些受污染地区人群血液中的 PFOA 浓度平均值为 32.9 ng/mL。

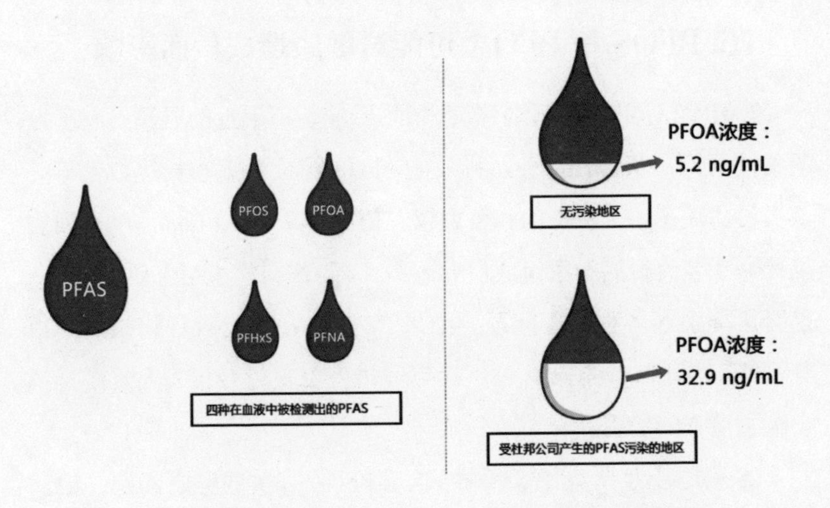

不过值得注意的是，2000 年以后随着全球对于 PFOS 和 PFOA 的禁限和管控不断深入，主要生产商陆续停止了上述物质

的生产，在人体中所检出的 PFOS 和 PFOA 浓度水平也呈现出明显的下降趋势。

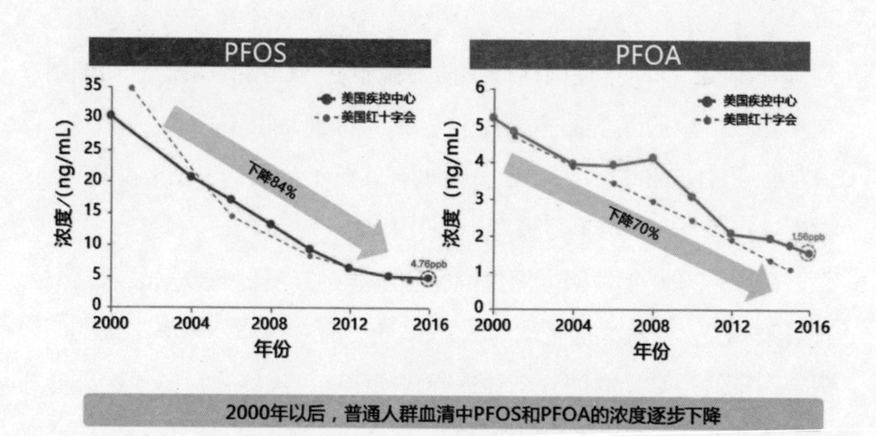

2000年以后，普通人群血清中PFOS和PFOA的浓度逐步下降

16. PFOS 和 PFOA 可能对健康造成负面影响

2001 年，居住在美国杜邦公司华盛顿工厂附近的居民发起了一项集体诉讼，状告杜邦公司排放的 PFOA 污染地下水长达数十年。该诉讼达成了一个特殊的和解协议：伍德郡（Wood County）巡回法院任命 3 名流行病学家组成研究小组（即 C8 科学小组）研究 PFOA 是否可能引起各种健康问题。如果 C8 科学小组发现任何疾病“很有可能”与 PFOA 暴露有关，杜邦公司将要支付对相关人员进行持续医学检查的费用。

C8 科学小组研究了 55 种可能与 PFOA 有关的健康问题，他们得出的结论是：PFOA 可能与肾癌、睾丸癌、溃疡性结肠炎、甲状腺疾病、高胆固醇血症和妊娠高血压综合征这 6 种疾病有关联。C8

科学小组使用的健康数据源自 2005 年和 2006 年针对社区居民的调查以及对这些调查对象在 2008 年和 2011 年开展的医学调查。该研究调查了 32 507 名对象，其中包括 4 391 名杜邦公司工人。研究人员基于饮用水水源、自来水使用量和是否就职于杜邦公司等因素，估算了每名工人和居民目前的累积 PFOA 血清水平。2 507 人经医疗记录和癌症登记涉及 21 种不同类型的原发癌。对俄亥俄州中部的癌症地理研究以及杜邦公司工人死亡率的两项研究表明，睾丸癌和肾癌的发病率均随 PFOA 血清水平的升高而增加。此外，他们预计 PFOA 水平同甲状腺癌呈正相关，因为 PFOA 同诸如甲状腺机能减退及甲亢这类影响新陈代谢的非癌甲状腺疾病可能存在关联。

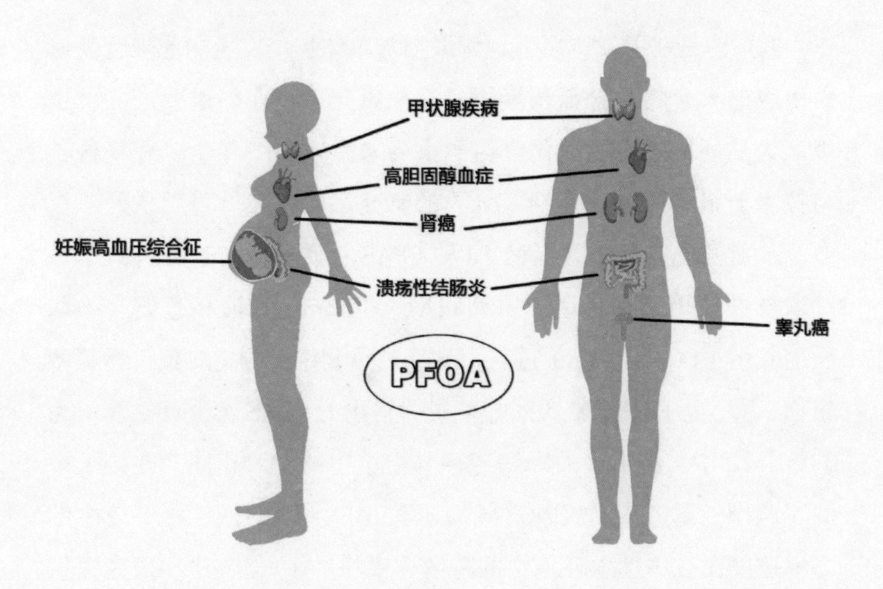

2018 年 6 月，美国毒物与疾病登记署（ATSDR）发布了一份

关于PFAS毒性危害的详尽报告，认为PFAS可能在比预期更低的剂量下对人体健康造成不良影响。这份长达852页的报告反映了ATSDR对所有相关毒理学测试和经过同行评审的信息的评估结果，列举了与PFAS暴露相关的一系列不良健康后果的相关证据，涉及肝损伤、甲状腺疾病、生育能力下降、肥胖、哮喘、激素抑制、内分泌紊乱以及睾丸癌和肾癌。根据报告，有充分的流行病学证据表明，暴露于PFOA和PFOS与以下疾病风险增加有关：妊娠高血压、甲状腺疾病、哮喘。另外，暴露于PFOA、PFOS、PFHxS和PFDeA还可能与对疫苗的抗体反应减少有关。

17. PFAS在环境中的降解半衰期可达百年

调聚物是在引发作用下，调聚剂与单体物质发生加成聚合反应而生成的聚合物。含氟调聚物是有机氟化工行业的重要产品，也被认为是环境中有机氟化合物的重要来源。2015年，《环境科学与技术》报道了一项为期376天的研究。研究人员采用系列萃取方法，对商业产品中含有的50种PFAS物质的降解过程进行了跟踪取样并使用气相色谱－质谱联用（GC/MS）和液相色谱－串联质谱联用（LC-MS-MS）进行定性和定量测定，测定对象包括氟调聚物、醇、酸以及全氟羧酸盐。最终得出的PFAS半衰期估算值为33～112年，在水中的降解速率与土壤中的大致相同。在接下来的实验中，研究人员发现这些物质在pH为10的碱性水环境中的降解速度比在中性水环境中的降解速度快约10倍。这项研究提供了商用含氟调聚物的唯一可降解性测试结果，并预估了相关PFAS物质的半衰期。

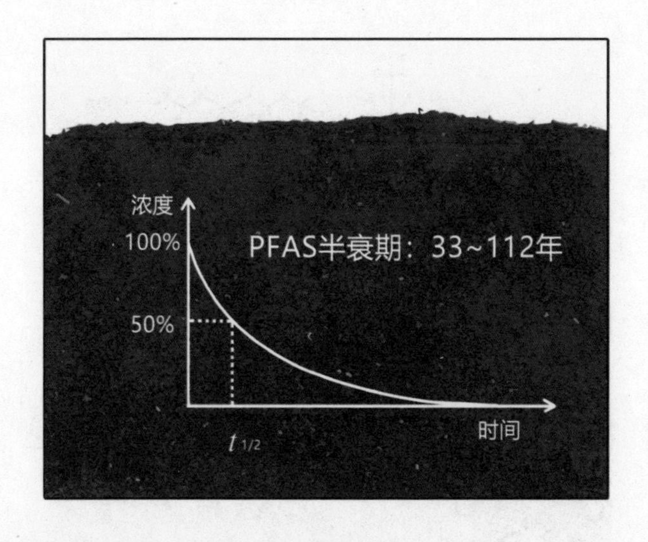

18. PFAS 随母婴喂养和食物链传递

PFAS 可以通过食物链在动物和人体内累积，并且需要很长时间才能排出体外。

2015 年，美国化学会《环境科学与技术》报道了一项哈佛大学的研究结果：PFAS 在母乳喂养的婴儿体内含量每个月会累积 20% ~ 30%。这是国际上首次揭示 PFAS 可以通过母乳传递给婴儿。1997—2000 年研究人员跟踪调查了 81 名儿童，检测他们在出生时、出生后 11 个月、出生后 18 个月以及 5 岁时血液中的五类 PFAS 的含量；同时也检测了这些儿童的母亲在怀孕 32 周时的 PFAS 水平。相比之下，母乳和奶粉混合喂养的儿童血液中，PFAS 含量每月增加比例较低。在母乳喂养结束时，有些儿童血液中的 PFAS 含量甚至超过了母亲血液中的含量。在 5 类 PFAS 中，只有 1 类未随着母乳喂养的时间延长而增加；母乳喂养停止后，有 4 类 PFAS 在儿童血液中的浓度开始下降。

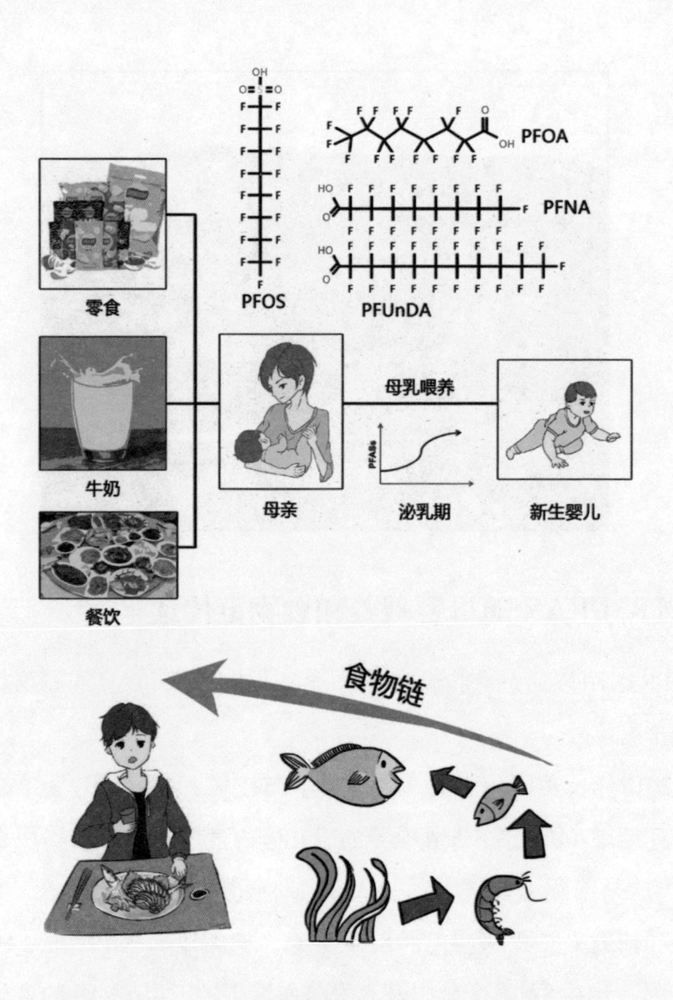

19. 饮用水中 PFOS 和 PFOA 的健康建议限值

水是生命之源，饮用水质量直接关系到人体的健康。2016 年 6 月，USEPA 发布了饮用水中 PFOS 和 PFOA 的健康建议限值，两者单独或者合计浓度均不得超过 70 ppt（ng/L）。当饮用水中

PFOA 和 PFOS 单个或总浓度超过 70 ppt 时，给水厂应该通知居民。USEPA 制定健康建议限值是基于 PFOA 和 PFOS 对实验动物（大鼠和小鼠）的影响，以及对暴露于 PFAS 的人群流行病学研究的相关结果提出的，目的是减少饮用水中氟代持久性有机污染物引起的长期暴露。

ATSDR 在其 2018 年的报告中设定的 PFOA 最低风险浓度为 3×10^{-6} mg/（kg·d），而 PFOS 的最低风险浓度为 2×10^{-6} mg/（kg·d），该机构利用这些标准来评估污染物的潜在健康影响，但不是出于监管目的。ATSDR 的标准可以理解为 PFOA 的饮用水安全水平为 11 ppt，PFOS 为 7 ppt。相比之下，2016 年 USEPA 对饮用水中这两种化学物质的建议含量均为 70 ppt，或者两者合计达到 70 ppt，这是可接受的最大口服人体暴露水平，目标是使人的一生中没有明显的健康风险。这些数据多被用来评价污染物的监管和治理水平，USEPA 目前正在评估是否有必要为饮用水中的 PFOA 和 PFOS 设定一个具有法律效力的限值。

20. 饮用水中 PFOS 和 PFOA 的标准各地均有差异

PFOA 会长久地存在于水体中。仅在美国，PFOA 和 PFOS 已经污染了数十个饮用水水源。虽然这两种化学物质已经在美国境内终止生产，但仍然用于在境外生产的产品中，因此仍在持续地污染其他国家的饮用水水源。一些公司一直在用其他 PFAS 物质替代 PFOS 和 PFOA，但是研究表明，这些替代化学品也与 PFOS 和 PFOA 具有许多相同的化学性质。

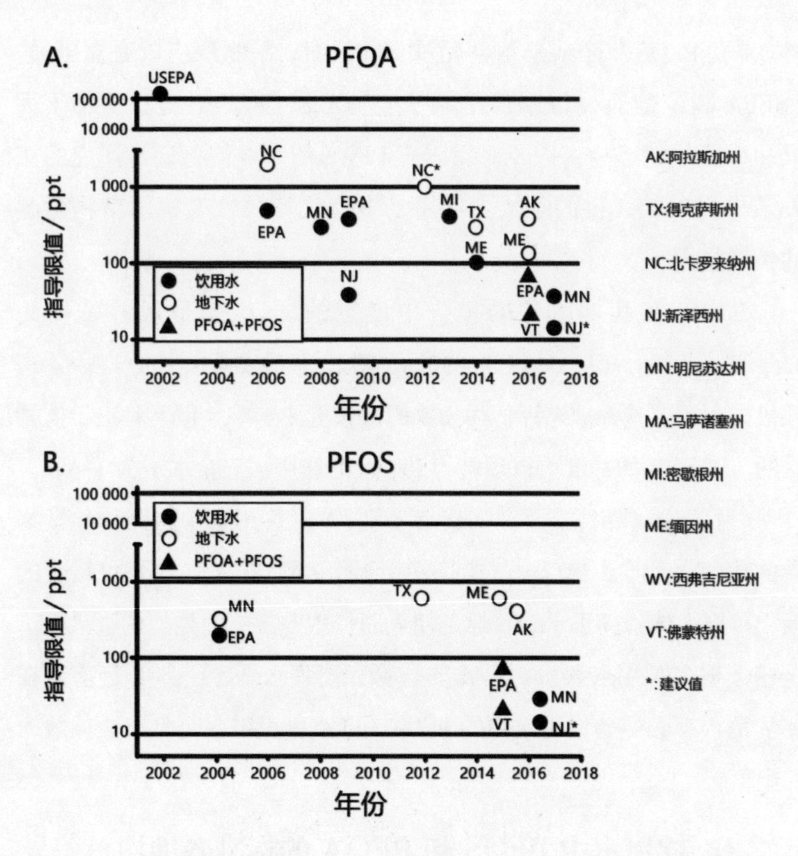

2018 年发表在《暴露科学与环境流行病学》杂志上的一项新的分析显示，为了应对日益严重的饮用水被 PFAS 污染的问题，美国许多州正在为 PFOA 和 PFOS 含量制定自己的指导限值。

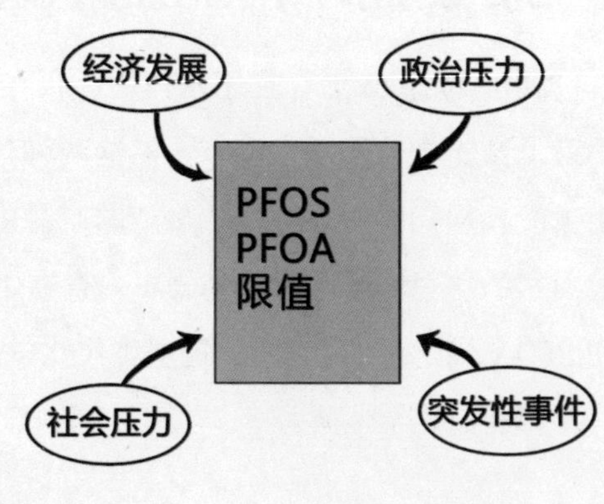

虽然 USEPA 已经制定了关于 PFOA 和 PFOS 的健康建议限值，但各地在发生具体的污染事件后会制定不同的指导限值，这些限值之间存在很大差别。有 7 个州提出了自己的 PFOA/PFOS 指导限值，其中 3 个州设定的污染物含量低于 USEPA 设定的水平。这些指导限值则从 13 ppt（新泽西州）到 1 000 ppt（北卡罗来纳州）不等。一些地方也为其他的 PFAS 含量制定了指导限值。

研究人员确定了影响指导限值制定的多种科学因素，包括毒理学指标的选择和饮用水消耗的假设，社会和经济因素也会影响各州制定的指导限值。研究人员强调，缺乏国家标准可能会造成或加剧公共卫生差距，因为并非所有州都有资源制定自己的指导限值。

除美国外，其他一些发达国家也对饮用水中的 PFOS 和 PFOA 制定了相关限值， 但数值相差非常大。例如，PFOS 的指导限值意大利为 30 ppt，加拿大为 600 ppt，而 PFOA 的指导限值美国为 70 ppt，澳大利亚为 560 ppt。

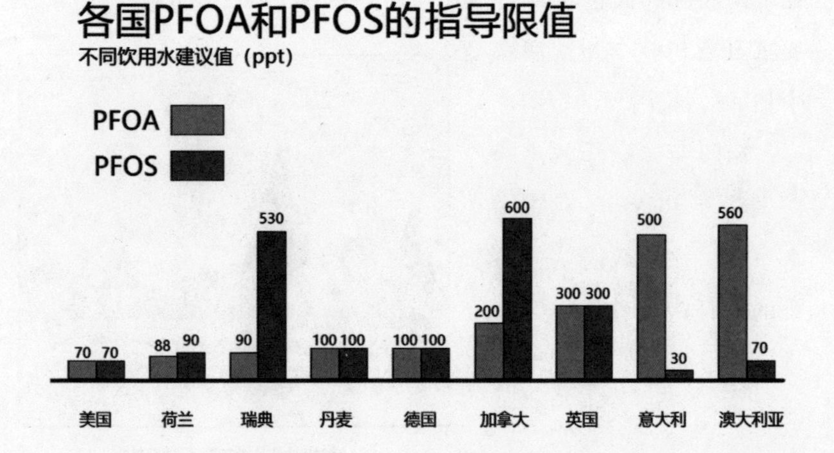

21. 美国密歇根州和新泽西州的 PFAS 污染饮用水事件

2018 年，美国密歇根州环境质量部（Department of Environmental Quality，DEQ）在帕奇门特市发现一起污染事件。DEQ 的测试结果显示当地饮用水中 PFOA 和 PFOS 的总浓度达到了 1 410 ppt，其中，PFOS 浓度为 740 ppt，PFOA 浓度为 670 ppt。这次污染事件的发生源于密歇根州测试所有公共饮用水水厂中 14 种全氟烷基物质工作中的部分结果。密歇根州于 2018 年 1 月采用 70 ppt 作为饮用水 PFOS 或 PFOA 的法定标准。这一限值是基于 USEPA 在 2016 年提出的 PFOS 和 PFOA 的健康建议限值，即二者分别或同时达到 70 ppt。随后密歇根州宣布一个拥有 3 100 名居民的社区进入紧急状态，因为他们的饮用水已经被高浓度的 PFAS 污染。密歇根州政府向受影响的居民临时提供瓶装水；帕奇门特市抽干了供水管道，并调用附近市的饮用水冲洗供水管道。密歇根州州长于 2018 年 7 月 13 日要求司法部部长起诉 3M 公司，即 PFOS 和 PFOA 的前生产厂家，要求其支付整个州饮用水中 PFAS 污染治理的费用。

密歇根州帕奇门特市

2019 年，新泽西州同样发生了 PFAS 污染饮用水事件。该州政府认为污染的责任应由曾经生产、排放或目前仍在排放 PFAS 的化学制造商承担，并指控 Chemours、DowDuPont、Solvay 和 3M 公司总计应支付数百万美元用于调查和处理该州的 PFAS 污染，因为这 4 家公司对该州的 PFAS 污染负有重大责任，新泽西州的地表水、地下水、沉积物、土壤、空气、鱼类、植物和其他自然资源都受到了 PFAS 的污染。新泽西州环保局将主要矛头指向了 3M 公司，因为几十年来它一直是 PFOA 的主要制造商，3M 公司还使用 PFAS 制造的消防泡沫，污染了新泽西州政府附近的饮用水。新泽西州要求这些公司与州政府建立一项基金，用于调查和处理 PFAS 污染。美国联邦政府还要求这些化学品生产商提供有关 PFAS 现在和过去的使用、排放以及销售信息。而 Solvay 公司须向新泽西州政府赔偿 310 万美元，用于调查和处理该公司位于西德普福德的工厂周围的 PFAS 污染。

治理新泽西州
PFAS污染

除了以上两起 PFAS 污染事件，美国 2016 年的报道表示军事基地、污水处理厂、工业场地和民用机场附近的饮用水中 PFAS 浓度显著高于其他地区，同时发现有 600 万名居民的饮用水中 PFOA 和 PFOS 的浓度总和超过了 70 ppt。两年之后，EWG 于 2018 年 5 月结合更多的监测数据估计有 1.1 亿美国人的饮用水受到了 PFAS 污染，这里用到的标准值是 2.5 ppt，而 2020 年 EWG 的最新研究表明，1.1 亿人被大大低估，有 2 亿人的饮用水中 PFOA 和 PFOS 的浓度总和大于 1 ppt。

CHAPTER 3

第三章

国际行动知多少

22. 持久性有机污染物（POPs）

持久性有机污染物（Persistent Organic Pollutants，POPs）是指具有毒性、进入环境后难以降解、可生物累积，能够通过空气、水和迁徙物种进行长距离越境迁移然后沉积到远离其排放地点的地区，并在那里的陆地和水域生态系统中累积，对当地环境和生物体造成严重负面影响的天然或人工合成的有机物。

POPs 具有以下特点：

（1）能够在环境中持久地存在。POPs 通常对生物降解、光解、化学分解作用有较强的抵抗能力，一旦被排放到环境中，它们难以被分解。

（2）能够蓄积在食物链中，对有较高营养级的生物造成影响。由于 POPs 具有低水溶性、高脂溶性的特点，导致其会从周围媒介中富集到生物体内，并通过食物链的生物放大作用进行蓄积。

（3）能够经过长距离迁移到达偏远的极地区域。POPs 所具有的半挥发性使其能够以蒸气形式存在或者吸附在大气颗粒上，便于在大气环境中做远距离的迁移，同时这一适度挥发性又使得它们不会永久停留在大气中，能够重新沉降到地表上。

（4）当达到一定浓度时，会对接触 POPs 的生物造成有害影响。

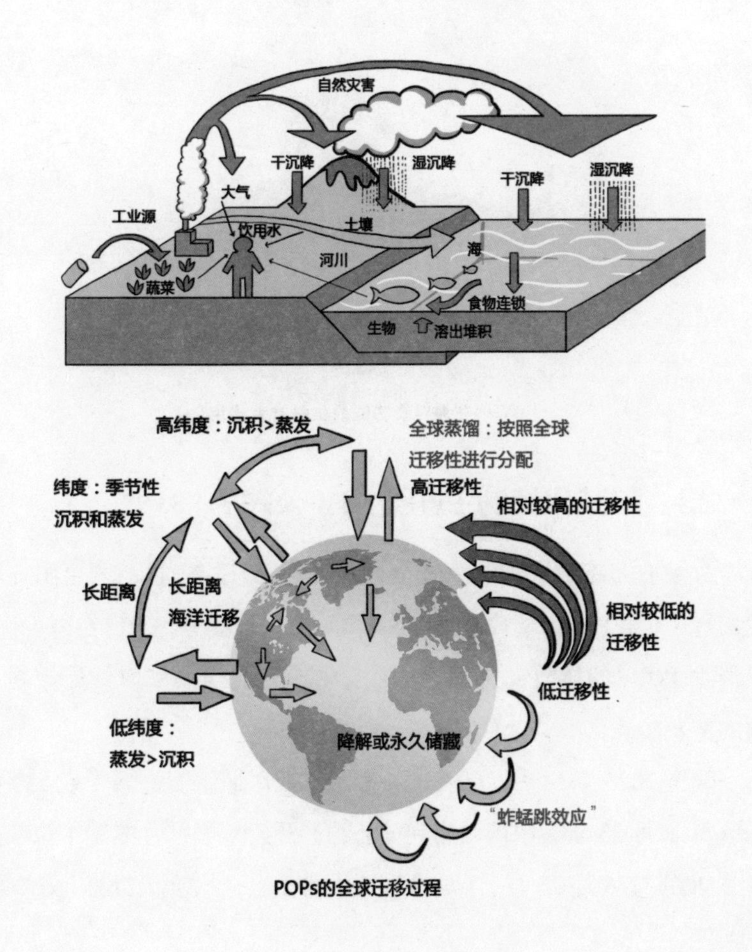

POPs的全球迁移过程

POPs在海洋食物链的生物放大作用

23. 削减和控制 POPs 的《公约》

为保护人体健康和环境安全，2001 年 5 月 22 日，联合国环境规划署（UNEP）在瑞典斯德哥尔摩通过了《公约》，旨在减少和/或消除 POPs 的排放，这是国际社会对有毒化学品采取优先控制行动的重要步骤。

截至 2020 年 11 月，已有 184 个国家或区域组织签署了《公约》。2001 年 5 月 23 日，中国政府在《公约》开放签署首日签署了该《公约》；2004 年 6 月 25 日，十届全国人大常委会十次会议批准《公约》；

2004 年 11 月 11 日，《公约》对中国正式生效。

《公约》的主要内容：

正文共 30 条，包括目标、定义、实质性条款 14 条、常规性条款 14 条及其他。公约的 7 个附件规定了受控物质管控措施和增列条件。分别是：

附件 A 列出了需要消除生产和使用的 POPs 物质及其特定豁免用途。

附件 B 列出了需要限制生产和使用的 POPs 物质及其可接受用途和豁免用途。

附件 C 对无意产生的 POPs 物质进行了说明，并提供了防止和减少其排放的关于最佳可行技术 / 最佳环境实践（BAT/BEP）的一般性指南。

附件 D 提供了将某一化学品增列时需要参照的信息要求和筛选标准。

附件 E 提出了审查新 POPs 时须在风险简介中提供的资料。

附件 F 说明了提出增列 POPs 建议时应提供的涉及社会、经济因素的信息。

附件 G 规定了争端解决的仲裁程序和调解程序。

《公约》先后于 2009 年、2011 年、2013 年、2015 年、2017 年和 2019 年进行了 6 次修订，受控物质已增加到 30 种 / 类。

《公约》的受控 POPs 物质清单如下表所示。

公约要求	附件 A 应采取必要的法律和行政措施，禁止和/或消除的化学品	附件 B 应限制生产和使用的化学品	附件 C 应采取控制措施减少或消除的源自无意产生的污染物
首批受控（12 种）（2001.5）	艾氏剂、狄氏剂、异狄氏剂、七氯、毒杀芬、多氯联苯、氯丹、灭蚁灵、六氯苯	滴滴涕	多氯二苯并对二噁英、多氯二苯并呋喃、六氯苯和多氯联苯
首次增列（9 种）（2009.5）	十氯酮、五氯苯、六溴联苯、林丹、α－六氯环己烷、β－六氯环己烷、商用五溴二苯醚、商用八溴二苯醚	全氟辛基磺酸及其盐类和全氟辛基磺酰氟	五氯苯
第二次增列（1 种）（2011.4）	硫丹	—	—
第三次增列（1 种）（2013.5）	六溴环十二烷	—	—
第四次增列（3 种）（2015.5）	六氯丁二烯、五氯苯酚及其盐类和酯类、多氯萘	—	多氯萘
第五次增列（2 种）（2017.5）	短链氯化石蜡、十溴二苯醚	—	六氯丁二烯
第六次增列（2 种）（2019.5）	三氯杀螨醇、全氟辛酸及其盐类和相关化合物	全氟辛基磺酸及其盐类和全氟辛基磺酰氟	—

24. 关于增列 PFAS 进入《公约》的谈判

《公约》管制的 POPs 物质名单是开放的，任一缔约方均可提交提案。在经过 POPs 审查委员会对《公约》附件 D 规定的 POPs 信息要求和筛选标准、附件 E 规定的须在风险简介中提供的资料以及附件 F 规定的涉及社会、经济因素的信息三个阶段审查后，最终由《公约》缔约方大会决定是否将PFAS增列入附件A、附件B和/或附件C。

2005年7月14日，瑞典环境部提交了一份函件，建议将PFOS列入《公约》。2009年5月，在瑞士召开的《公约》缔约方大会第四次会议在《公约》生效后首次正式审议增列新的POPs物质。关于PFAS类物质的增列议题的谈判进行得非常激烈。一方面，由于PFAS包括的物质很多，使用范围也非常广泛，如果对其进行控制将涉及多个行业多方面的生产及管控；另一方面，这类物质也是本次大会审议的9种POPs物质中唯一仍在较大规模生产和使用的物质。谈判的焦点主要集中在这类物质应该增列进附件A还是附件B，以及其特定豁免和可接受用途的问题。一些缔约方强调，除非可以获得经济划算、环境友好的PFAS替代品，否则并不支持增列相关物质；另一些缔约方则强调了PFAS对人体健康及环境的风险，呼吁将其增列进附件A。最终各方达成了一致，决定将PFOS/PFOSF列入附件B。

25．PFOS/PFOSF 于 2009 年被列入《公约》

2009 年，《公约》第四次缔约方大会通过决议，将 PFOS/PFOSF 增列入《公约》附件 B。根据《公约》要求，所有缔约方均应终止生产和使用 PFOS/PFOSF，规定的可接受用途和特定豁免用途除外。在 2009 年的缔约方大会增列 PFOS/PFOSF 时规定的可接受用途涉及照片成像、半导体、航空液压油、医疗设备和泡沫灭火剂等的生产和使用；特定豁免用途包括金属电镀、杀虫剂、纺织用品、包装材料和橡胶塑料等的生产和使用。

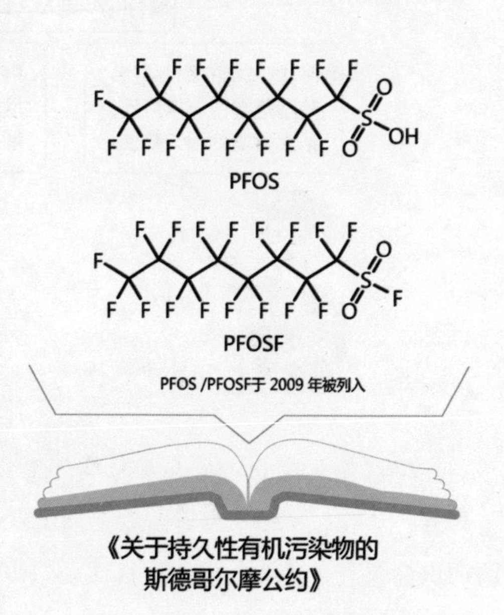

在 2019 年 5 月的缔约方大会上，《公约》对关于 PFOS/PFOSF 的可接受用途和特定豁免用途进行了大幅削减。可接受用途仅包括以氟虫胺作为昆虫毒饵；特定豁免用途只包括闭环系统的金属电镀以及已安装的泡沫灭火剂。

26．PFOA 及相关物质于 2019 年被列入《公约》

2019 年 5 月 3 日，包括中国在内的 180 多个国家同意根据《公约》禁止生产和使用 PFOA、其盐类和相关化合物，将其增列入《公约》

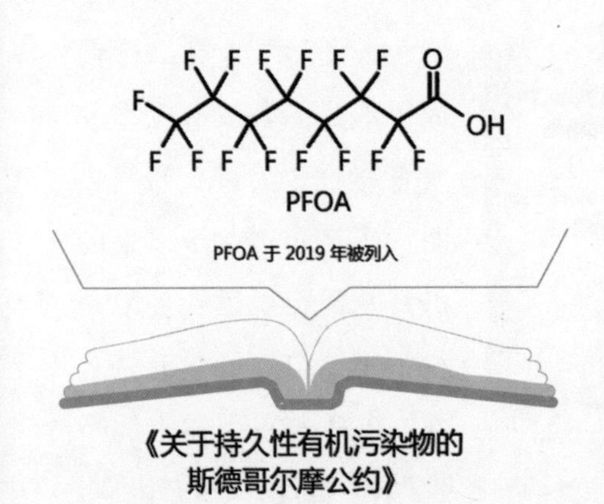

附件 A。

根据达成的增列案文，《公约》允许 PFOA 或其相关化合物的某些应用作为特定豁免用途继续存在，包括用于生产泡沫灭火剂、半导体、劳保纺织品、医疗器械和摄影胶片涂料，以及含氟聚合物、医用纺织品和电线等。

27. PFHxS 及相关物质即将被增列入《公约》

2019 年 10 月，POPs 审查委员会（POPRC）第十五次会议在意大利罗马召开，会议审议通过了全氟己基磺酸（PFHxS）及其盐类和相关化合物的风险管理评价报告（附件 F 审查），建议将其列入附件 A 且不设任何特定豁免用途。按照《公约》增列化学品的审议过程，POPRC 将提请下次缔约方大会审议决定是否将 PFHxS 增列入受控清单。

在此之前的 2017 年 7 月 10 日，欧洲化学品管理局（ECHA）已宣布将 PFHxS 及其盐类和相关化合物列入极高度关注物质（SVHC）候选清单，认为它们是具有高持久性、高生物累积性的物质（vPvB）。

美国明尼苏达州健康局于 2009 年 9 月公布了关于 PFHxS 的地下水健康指南，采用与人体暴露水平相当的剂量进行的 PFHxS 大鼠试验表明，PFHxS 能导致体重下降、胆固醇水平下降、凝血

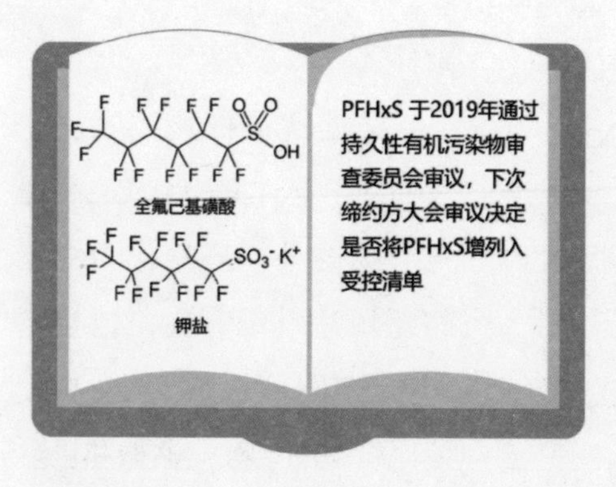

酶原时间增加等；目前尚不能排除其具有生殖和发育毒性。另外，研究表明，碳链长度为 5 以上的 PFHxS 类物质因在环境条件下不会分解而具有持久性，PFHxS 在人体中的半衰期（8.5 年）甚至比 PFOS 的（5.4 年）还要长。因此，USEPA 已将 PFHxS 列入 2009 年 12 月 30 日发布的《长链全氟化合物行动计划》中。

28. 世界各国 / 组织对 PFAS 采取的限制行动

美国

2006 年 1 月，USEPA 邀请 8 家主要含氟聚合物生产企业发起了一项自愿计划。该计划的目标是：在 2010 年前，生产设施的 PFOA

释放量以及产品中PFOA的含量较2000年减少95%；到2015年，开始消除PFOA、PFOA前体物以及其他长链同系物。作为达成上述目标的关键步骤，各参与公司纷纷推出或采用了不含PFOA的替代品。参与该计划的8家公司为阿科玛（Arkema）、旭硝子（Asashi Glass）、汽巴（Ciba）、科莱恩（Clariant）、大金（Daikin）、杜邦（DuPont）、3M和苏威（Solvay Solexis），这些公司的生产设施主要分布在中国、法国、德国、荷兰、意大利、日本、英国和美国等。2006年，旭硝子公司宣布推出新的调聚物产品，其中不含PFOA及其前体物或相关物质。2007年，大金公司宣布到2012年年底停止制造、使用和销售PFOA和基于C8调聚物的憎水憎油产品。2008年，杜邦公司宣布推出新的基于短链的C6调聚物产品，不会在环境中分解产生PFOA。2008年11月6日，3M公司宣布推出新的ADONA乳化剂来替代PFOA。截至2015年年底，所有参与该计划的公司都按要求实现了削减目标。

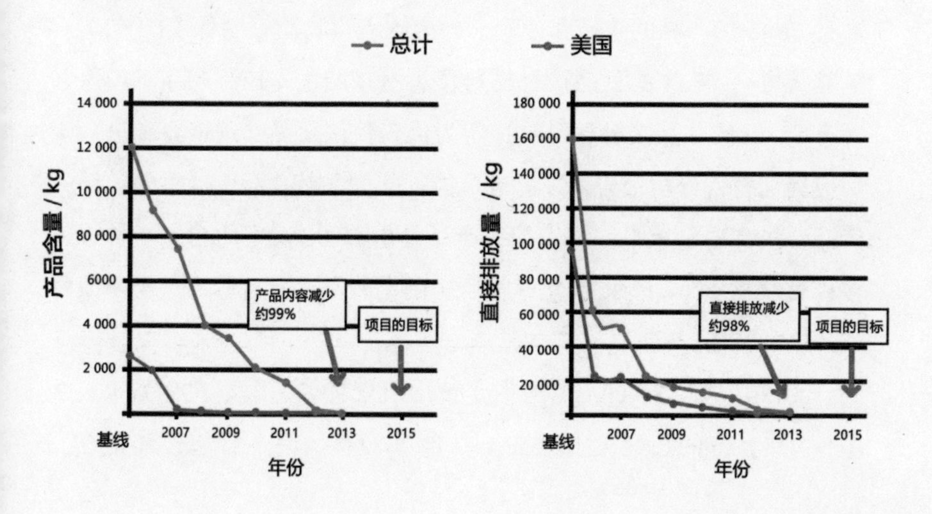

在美国，PFOS 作为铬雾抑制剂被用于电镀行业始于 20 世纪 50 年代，持续了半个世纪之久。2009 年，USEPA 发布了 PFOS 镀铬企业研究报告，在电镀设施排放废水中检出了较高浓度的 PFOS。USEPA 于 2012 年 9 月 19 日发布了经修订的电镀铬国家排放标准，要求在 2015 年 9 月 21 日之后，含 PFOS 的铬雾抑制剂不能在电镀铬槽中使用，相关供应商已同意在 2015 年 12 月 31 日之前停止销售。美国电镀行业协会推动全行业按照修订版的镀铬业有害空气污染物国家排放标准（NESHAP）的要求，淘汰含 PFOS 的铬雾抑制剂，作为替代品引入的主要是 6:2 氟调聚磺酸（6:2 FTS）。2018 年密歇根州发现镀铬设施排放废水中仍有 ppt 量级的 PFOS 存在。2018 年，USEPA 发布 PFAS 调查计划，为未来制定废水限制指南做准备。随后在 2019 年，USEPA 发布 PFAS 行动计划，列出了后续 PFAS 管制和研究行动。

2017 年，美国加利福尼亚州提出了一项法案（AB958），禁止含有 PFAS 的产品的生产和使用，并要求有毒物质管制部（DTSC）考虑将含有 PFAS 的食品接触材料作为潜在的优先控制产品。如果含有 PFAS 的食品接触材料被指定为优先控制产品，制造商和进口商应提交替代分析报告，以考虑可能的化学品替代品，或重新设计产品，提高安全水平。优先控制产品是由 DTSC 确定的含有一种或多种化学物质（称为候选化学物质）的消费品，具有危害人类健康或环境的特征。

2018 年 3 月 21 日，美国华盛顿州州长签署了限制在食品包装中使用 PFAS 的法案（HB2658）。自 2022 年 1 月 1 日起，禁止在华盛顿州生产、销售含有 PFAS 的食品包装。

2018 年 8 月，美国旧金山通过第 201–18 号法令，修订了现行的针对一次性食品塑料制品、有毒化学物质包装废物的法令，禁止使用含有 PFAS 的一次性食品接触材料，并于 2020 年 1 月 1 日开始生效。该法令规定，一次性食品接触用品，包括碗、盘子、筷子、托盘、杯子、盖子、吸管等食品接触材料制品，都不能含 PFAS，食品附属产品（如调味包、杯套、餐巾、搅拌棒、牙签等）也有同样的要求。法令生效后，餐馆、食品零售商、供应商、城市承包商及各相关部门都须遵守并履行相应的义务。

美国加利福尼亚州空气资源委员会在 2016 年发布最新要求，不允许在电镀铬槽中使用含有 PFOS 的铬雾抑制剂产品。2019 年 10 月，加利福尼亚州水资源控制委员会（SWRCB）要求对 271 个镀铬设施开展强制性环境评估，进行 PFAS 测试。如果设施中使用过铬雾抑制剂，即使没有已知的污染也需要进行测试。由于 1950 年以后运营的许多镀铬工厂都使用过含 PFAS 的铬雾抑制剂，所以，这些工厂须遵守该法令。值得注意的是，SWRCB 正在鼓励工厂对废水中的 38 种 PFAS 进行分析，其中对 25 种 PFAS 强制要求监测，包括 PFOS 以及 6:2 FTS。

由于污染物种类和浓度不同，工业废水中的污染物可能会损害市政污水处理厂的处理效果或污染受纳水体。为了保护市政用水和环境，工业预处理程序（IPP）要求工业废水排放者采用适当的处理技术和管理措施来减少或消除有害污染物随出水的排放。与升级处理相比，预处理对维护和修复流域环境的成本要低得多，

并且能够促进污染预防，增加污水、污泥的有效利用，防止在下水道系统中形成有毒气体，并制定应急措施。对市政污水处理厂的系统监测表明，以常规的生物工艺为主的城镇污水处理无法有效去除水中的 PFOS。因此，为了解决污水处理厂可能排放较高含量的 PFAS 到湖泊和河流的问题，密歇根州政府规定，无论是进入市政污水处理厂的工业废水、直接排放进环境的废水，还是市政污水处理厂出水，PFOS 浓度限值均为 12 ppt。同时，密歇根州环境、大湖与能源局于 2018 年 2 月启动了 IPP PFAS 计划，计划要求对所有具有 IPP 要求的市政污水处理厂（全州共 95 个）查明是否排放 PFOS/PFOA 进入地表水，如果发现，则应采取减排措施。实践表明，IPP PFAS 计划的实施是有效的，已导致污水处理厂排放的 PFOS 浓度大幅下降。

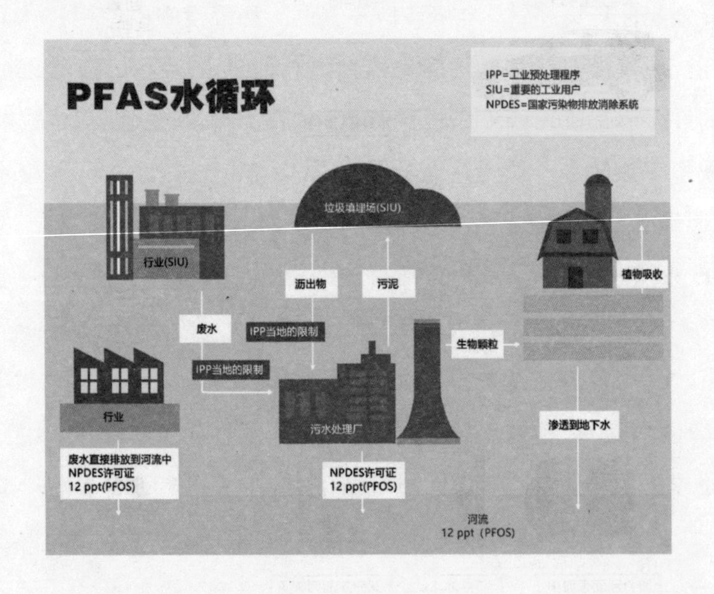

欧盟

欧盟委员会根据欧洲化学品管理局管辖下的风险评估委员会和社会经济分析委员会的评估报告，判定 PFOA 及其盐类和相关化合物的制造、使用及出售都会对人体健康及环境构成无法接受的风险。风险评估委员会认为，有效处理及降低相关风险的最适当的措施是全面限制 PFOA 在欧盟市场的制造、使用及出售。因此，根据 2017 年 6 月 14 日发布的欧盟委员会第 2017/1000 号指令，PFOA 被列入 REACH 法规的附件 XVII，在欧盟各国实施限制。而在此之前，PFOA 早已被 REACH 法规列为持久性、生物累积性和毒性（PBT）化学物质，自 2013 年起被纳入该法规的高度关注物质（SNHC）清单内。

一般来说，为了让受影响者采取必需的合规措施，限制将分阶段生效，上述 REACH 法规将延后 3 年实施。自 2020 年 7 月 4 日起，PFOA 及其盐类和相关化合物将被禁止于欧盟市场制造及出售，无论是混合物还是作为单一物质或其他物质的成分，且限制将延伸至制造半导体的设备及乳胶打印墨。到 2023 年 7 月 4 日，限制将适用于保障工人健康及纺织品安全，如在医护纺织品生产、水处理过滤系统、生产程序、污水处理等中使用的薄膜以及等离子纳米涂层。

加拿大

2006 年 12 月 27 日，PFOS 及其盐类和前体物被增列入加拿大环境部 1999 年所颁布的有毒物质清单。2008 年批准的《全氟辛基磺酸及其盐类和其他化合物的条例》（简称 PFOS 条例），禁止 PFOS 或含有 PFOS 的产品的生产、使用、销售、承销和进口。

PFOS 条例所列出的豁免用途与《公约》所列出的可接受用途和特定豁免用途是一致的。对于一些用途，PFOS 条例的规定甚至要比《公约》更为严格。

《公约》关于 PFOS 等新 POPs 的增列案是 2011 年 4 月 4 日对加拿大生效的，2013 年 4 月加拿大公布了《关于持久性有机污染物的斯德哥尔摩公约的国家执行计划》，其核心措施是贯彻 PFOS 条例，同时加强对含 PFOS 废弃库存的环境无害化管理与处置。加拿大保留了半导体和液晶显示器（LCD）工业用光掩膜、金属电镀（硬铬电镀、装饰性电镀）等的特定豁免用途；但是用于金属电镀的特定豁免用途仅止于 2013 年 5 月，这主要是为了与其本国 2008 年的 PFOS 条例的规定相一致。目前加拿大已没有含 PFOS 产品的生产和出口，仅有的含 PFOS 废弃库存是 2008 年 5 月以前生产或进口的、用于扑灭由燃油引起的火灾的水成膜泡沫（AFFF）。

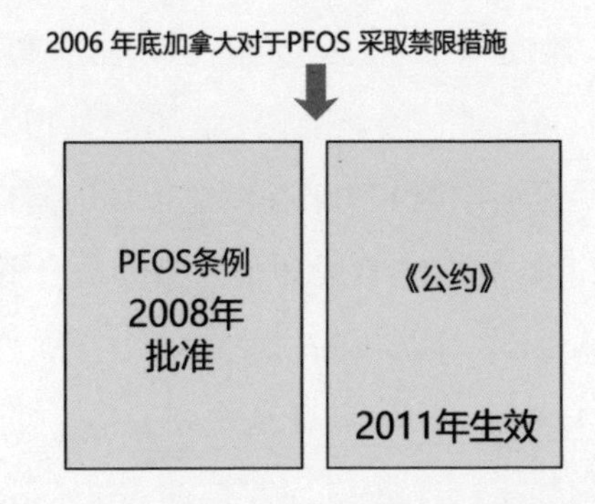

此外，加拿大环境部认为，将 PFOS 排入下水道会使这些物质最终进入环境，因此不能采用排入市政管网的方式处理处置 PFOS。目前经评估，高温焚烧法可能是适用的 PFOS 处理处置技术。

日本

在日本，PFOS/PFOSF 主要被用作防水 / 油剂和表面活性剂，

2010年4月根据《化学物质控制法》被列为“第I类特定化学物质”，其生产、进口和使用被禁止。但是日本仍批准保留了部分用途，包括制造陶瓷滤芯或高频段化合物半导体的蚀刻剂、半导体光敏膜、工业照相用胶片。日本已制定了与PFOS或其盐类相关的设备的生产标准、产品的技术标准、生产和运输时的PFOS标识等，以确保严格控制其生产和使用。此外，未来不会再生产或进口PFOS用于泡沫灭火剂的制造，但由于大量的含PFOS的泡沫灭火剂已经分布在全国范围内，要在短期内用替代品完成更换是相当困难的。

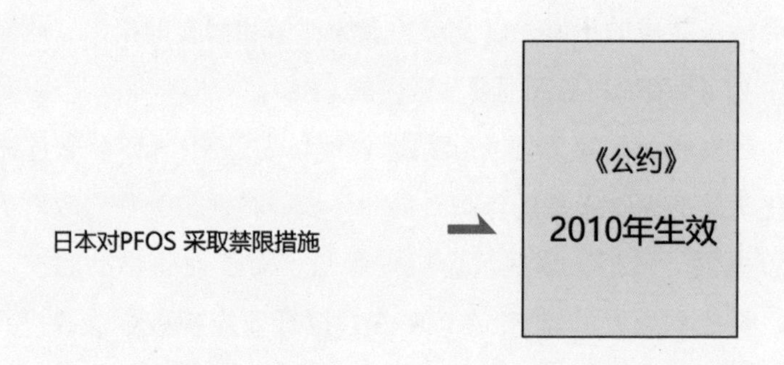

《公约》关于PFOS等新POPs的增列案于2010年8月26日对日本生效。2012年8月，日本公布了《关于持久性有机污染物的斯德哥尔摩公约的国家执行计划》。与加拿大的战略类似，其核心措施同样是贯彻根据《公约》修订的《化学物质控制法》，同时加强对含PFOS废弃库存的环境无害化管理与处置；此外，开展PFOS相关的环境监测，掌握污染现状与趋势。根据日本相关文件，燃烧温度为 850℃以上的高温焚烧法同样被认为是可行的处置技术。

澳大利亚及新西兰

澳大利亚和新西兰环境保护部门负责人论坛（HEPA）和澳大利亚环境和能源部联合编制了《PFAS 国家环境管理计划》（PFAS NEMP），旨在为 PFAS 的环境监管提供清晰、连贯和全国统一的方法。HEPA 是由澳大利亚和新西兰环境保护部门负责人组成的高级论坛，旨在分享知识和经验，在监管实践中建立和促进两国的司法管辖的一致性，并确定优先事项，以改进国家统一监管的方法。PFAS NEMP 是一个实用且基于风险的框架，包括存储、再利用和处置受污染物质的指南，以及有关现场评估和修复的指南，政府可以使用 PFAS NEMP 来管理其辖区内的 PFAS。

澳大利亚国家工业化学品通告评估署（NICNAS）通过评估工业化学品的风险来帮助保护人员和环境，其评估为很多政府机构的决策提供了依据，这些政府机构参与了对工业化学品的控制、使用、释放和处置的监管。NICNAS 建议行业应积极寻求替代品，并逐步淘汰所关注的 PFAS 以及与 PFAS 相关的物质。NICNAS 评估了在澳大利亚可用的 200 多种 PFAS 工业化学品的风险，其中重点是 PFOS、PFOA 及它们的直接和间接前体物（在环境中可分解为 PFOS 和 PFOA 的化学品）。NICNAS 还评估了更长链和较短链的 PFAS 用作 PFOS 和 PFOA 的替代品的可能性，这些评估包括暴露风险、危害信息以及行业建议。NICNAS 还规范了工业化学品的生产和进口：新的 PFAS 的制造商和进口商必须遵守《工业化学品（通知和评估）法》，才能将此类化学品引入澳大利亚进行工业生产；用来替代泡沫灭火剂的任何新的全氟化学品必须在引入澳大利亚之前通知 NICNAS 并进行评估。

新西兰环境部编写了《含 PFAS 废水处理指南》，其目的是确定消防废水中 PFOS 经过预处理后能够达到排放条件，为地方政府提供参考，或将其设置为《商业废物附则》中规定的限制条款。泡沫浓缩物和其他废物中所含 PFOS 的含量如果超过 50 ppm（mg/L），将被视为 POPs 废物；而低于 50 ppm 的受污染废水可以通过过滤进行颗粒状活性炭（GAC）预处理或反渗透膜（RO）处理将含量水平降低到 ppb（μg/L）甚至更低的水平。

丹麦

2019 年 9 月 2 日，丹麦环境和食品部宣布，将在 2020 年 7 月之前禁止使用含有 PFAS 的纸和纸板类食品接触材料。我们平时使用的盛装食物的纸盒或纸袋内里大多有一层防油涂层，这种号称可堆肥的纤维容器，成为塑料容器的主要替代品。然而，这些涂层都含有 PFAS，由于无法在环境中分解，这类物质又被称为“永久化学品”，这些涂层对环境危害大，且会对人和动物的健康产生不良影响。一些含有 PFAS 的食品包装包括微波炉爆米花袋、快餐包装、披萨盒、肉类以及海鲜包装。还有一些可能会接触到食品的物品包括地毯、家具、玩具、纸张、牙线和炊具，也都含有 PFAS。

2019 年 3 月，丹麦零售商 COOP 宣布将停止销售含有 PFAS 的化妆品。这一禁令将适用于所有品牌，而不仅仅是零售商拥有的品牌。COOP 已通知供应商立即停止销售这些产品，以确保所有含有 PFAS 的化妆品尽快并不晚于 2019 年 9 月 1 日彻底完成淘汰。

COOP认为尽管这些物质单独并不构成风险，同时符合立法且含量很低，但是研究显示这些不同物质混合使用会扰乱人体内分泌，从而对人体产生危害。到目前为止，COOP已经淘汰了10种PFAS物质。

纸和纸板类食品接触材料含有PFAS

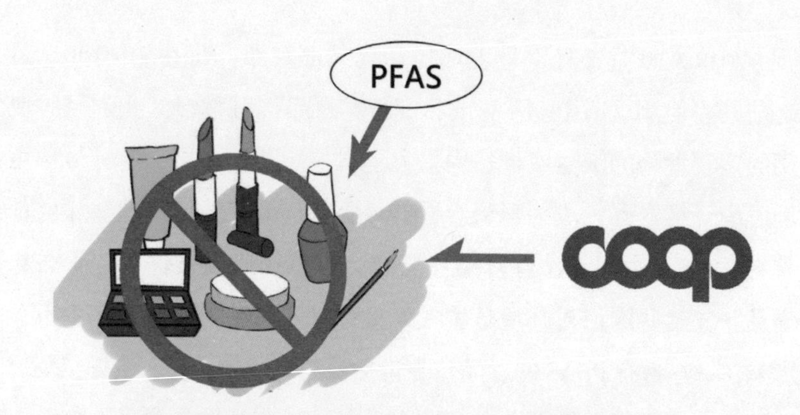

丹麦零售商COOP停止销售含有PFAS的化妆品

29. 灭火泡沫联盟提出泡沫灭火剂管理指南

灭火泡沫联盟（FFFC）是一个非营利性贸易协会，成立于2001年，致力于研究与泡沫灭火剂的功效和环境影响相关的问题。该联盟为行业技术评论、行业发展以及与相关组织（如环境机构、军事机构、审批机构和标准机构）的互动提供了话题。其成员大多是泡沫灭火剂的制造商，其余是含氟表面活性剂的制造商和分销商。

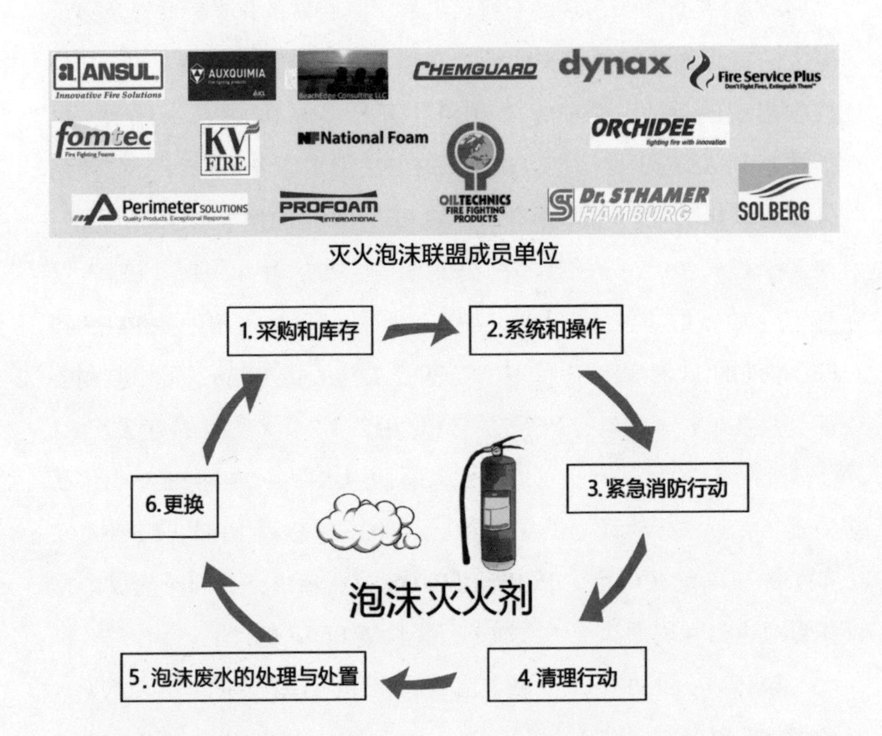

灭火泡沫联盟成员单位

泡沫灭火剂的生命周期主要阶段包括采购和库存，系统和操作，紧急消防行动，清理行动，泡沫废水的处理与处置、更换。2016年5月，FFFC 发布了《B 类泡沫灭火剂最佳管理实践指南》，概述了使用含氟 B 类泡沫灭火剂（如 AFFF、AR-AFFF、FFFP、AR-FFFP、FP 和 AR-FP）时应采取的环保措施，其中包括正确选择泡沫灭火剂、消除泡沫排放的方法，以及泡沫和消防废水处置的相关指南。

30. PFAS 管控的最新进展

PFAS 是近年来出现的新兴污染物，其特殊的化学性质以及数量庞大的家族物质使得相关的管控有很大难度。为重点解决 PFAS 管控中出现的挑战，USEPA 从 2019 年开始实施 PFAS 行动计划，包括补充 PFAS 的毒性信息，开发新的方法识别环境中的 PFAS，评估各种处理 PFAS 的方法，指导清理被 PFAS 污染的地下水，采用立法、执法手段解决 PFAS 的环境暴露问题等。2019 年 12 月，USEPA 发布了一种新的方法 533（Method 533）来监测饮用水中除 PFOS 和 PFOA 外的 11 种 PFAS。方法 533 重点关注短链 PFAS，可以监测碳链长度为 C4 ~ C12 的 PFAS，它和 2018 年 11 月发布的方法 537.1（Method 537.1）一起，可以有效监测饮用水中共 29 种 PFAS，从而实现了 PFAS 行动计划的关键目标。2020 年 2 月 20 日，USEPA 发布了关于确定饮用水中 PFOA 和 PFOS 的初步决定，同时提议禁止制造或进口在表面涂层中添加了某些长链 PFAS 的产品。

除 PFOA 和 PFOS 外，欧盟就德国和瑞典的提案提出审查意见，考虑将 PFNA、PFDA、PFUnDA、PFDoDA、PFTrDA、PFTDA 6 种更长链的 C9 ~ C14 全氟羧酸列为《公约》管控的 POPs 候选物质。此外，2019 年 6 月和 2020 年 1 月，两种替代品 GenX 和 PFBS 分别被列入 REACH 法规监管的《极高度关注物质（SVHC）候选清单》，它们被认定为应与致癌、致突变和生殖毒性物质，具有持久性、生物累积性、毒性（PBT），以及具有高持久性和高生物累积性（vPvBs）的化学物质有同等关注。饮用水方面，2019 年 12 月修订的欧盟《饮用水指令》对所有 PFAS 在饮用水中的浓度做出 0.5 ppb 的最高允许浓度限值，同时对列入其附件Ⅲ的PFAS做出0.1 ppb的最高允许浓度限值。虽然PFAS通过不与食品生产直接相关的工业制造过程以及使用和处置相关产品过程进入环境中。但是，与其他POPs一样，它们最终会进入食物链。2020年9月，欧洲食品安全局为4种可能在人体内累积的PFAS设定了每周4.4 ng/kg体重的安全限值，这4种物质分别为PFOA、PFOS、PFNA和PFHxS。

随着相关科学研究的不断深入，人们对PFAS问题的关注度也越来越高，各国正采取积极措施应对这一问题。而由于PFAS具有POPs的特性，国际合作是解决PFAS污染问题的必然趋势。我国科学家倡议采取全球性的PFAS策略来保护饮用水安全，包括采用国际PMT物质识别方法，将PMT物质列入中国污染物控制清单及其他国家的清单，以及制定国际监管框架等。

CHAPTER 4

第四章

国内行动知多少

31. 我国的 PFOS 历史生产情况与现状

1979 年我国开始研制铬雾抑制剂，采用电解氟化法，立足于国产原料，于 1980 年合成了小样，1982 年实现了批量生产，产品代号为 FC–80，其化学成分为全氟辛基磺酸钾。直到 1999 年，我国仅有一家 PFOSF 生产企业，年产量也较小，产品仅限于铬雾抑制剂等少数几个品种，应用领域涉及消防、纺织、造纸、电镀、电子、照相等。

根据生态环境部对外合作与交流中心联合中国氟硅有机材料工业协会、清华大学等开展的清单调查结果，以 2016 年为基准年，我国生产的 PFOSF 主要被进一步加工成下游产品后应用于 4 个领域：电镀行业铬雾抑制剂（19.9%）、消防行业泡沫用氟表面活性剂（39.9%）、石油行业酸化压裂助排剂用氟表面活性剂（39.9%）、农药行业氟虫胺制剂（0.3%）。

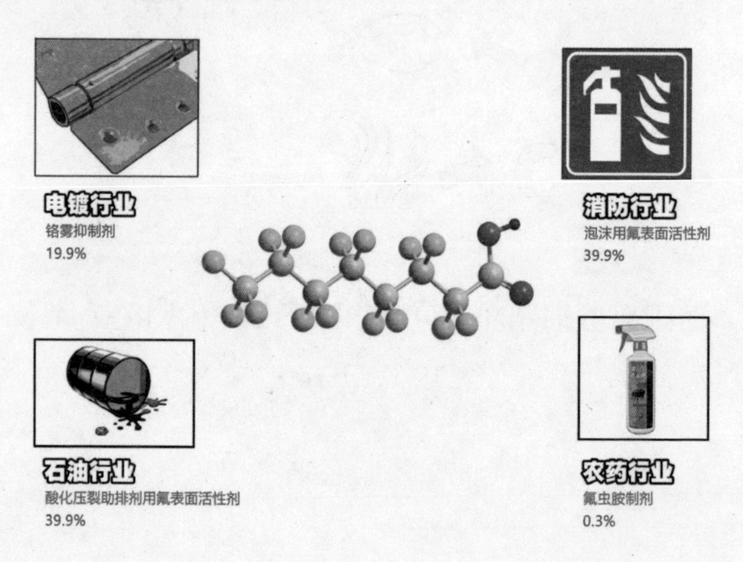

随着近年来对PFOS管控力度的加大，我国的PFOS生产量急剧下降。

32. 我国的《公约》履约机制

加入《公约》以来，我国采取了一系列富有成效的减排行动，POPs污染防治和履约工作取得了显著成效，重点地区环境介质中POPs含量明显下降，解决了一批严重威胁人群健康的POPs环境问题。我国成立了由生态环境部牵头，外交部、国家发展改革委、科技部、财政部等14个部委组成的国家履行斯德哥尔摩公约工作协调组（简称国家履约工作协调组），负责组织、协调和管理履约日常活动。各省、自治区、直辖市的环保厅（局）也建立了协调机制，明确了开展POPs污染防治和履约工作的责任单位。

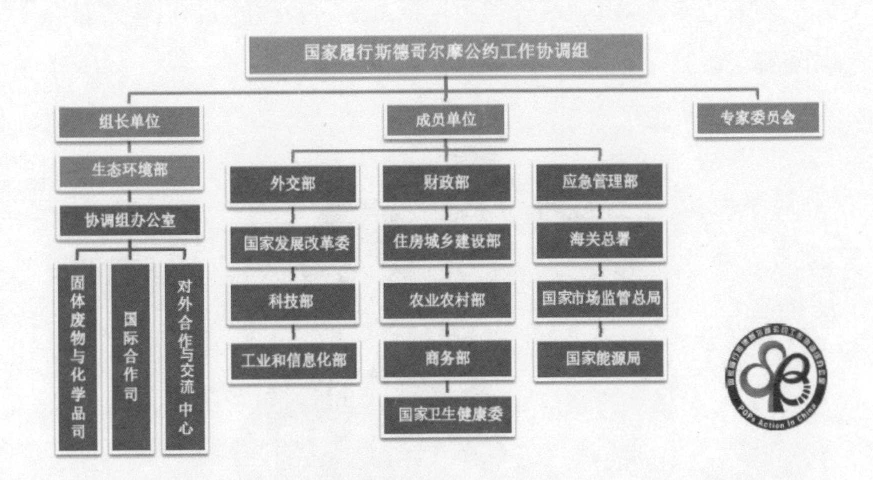

33. 2013 年我国批准关于 PFOS 增列的《修正案》

(2019年特定豁免到期)

2013 年 8 月，第十二届全国人大常委会第四次会议审议批准《公约》新增列 9 种持久性污染物的《关于附件 A、附件 B 和附件 C 修正案》和新增列硫丹的《关于附件 A 修正案》（以下简称《修正案》）。

2014 年 3 月 25 日，环境保护部联合外交部、国家发展改革委、科技部、工业和信息化部、住房城乡建设部、农业部、商务部、卫生计生委、海关总署、质检总局和安全监管总局发布了《修正案》

生效的公告(2014年　第21号),宣布自2014年3月26日起,《修正案》对我国生效,2019年3月25日特定豁免到期。

这意味着我国将禁止PFOS/PFOSF除特定豁免用途和可接受用途外的生产、流通、使用和进出口。对于特定豁免用途的6种PFOS,应抓紧研发替代品,确保豁免期结束前淘汰特定豁免用途。对于7种可接受用途的PFOS,应加强管理及风险防范,在相关行业逐步开展最佳可行技术/最佳环境实践(BAT/BEP),逐步实现PFOS在生产和使用领域的削减和淘汰。相关部门应按照国家有关法律法规的规定,加强对PFOS/PFOSF的生产、流通、使用和进出口的监督管理。对于违反《修正案》的行为,将受到严肃查处。

《修正案》所列出的特定豁免用途包括:

(1)半导体和液晶显示器(LCD)行业所用的光掩膜的生产和使用;

(2)金属电镀(硬金属电镀、装饰电镀)的生产和使用;

(3)某些彩色打印机和彩色复印机的电子和电器元件的生产和使用;

(4)用于控制红火蚁和白蚁的杀虫剂的生产和使用;

(5)化学采油的生产和使用。

34. 2019年我国11部委联合发布公告严格禁限PFOS

2019年3月4日,生态环境部联合外交部、国家发展改革委、科技部、工业和信息化部、农业农村部、商务部、国家卫生健康委、应急管理部、海关总署和国家市场监管总局等11部委,发布了《关于禁止生产、流通、使用和进出口林丹等持久性有机污染物的公告》（2019 年 第 10 号），宣布自 2019 年 3 月 26 日起，禁止 PFOS/PFOSF 除可接受用途外的生产、流通、使用和进出口。相关部门将按照国家有关法律法规的规定，加强对上述 POPs 生产、流通、使用和进出口的监督管理。一旦发现违反公告的行为，严肃查处。

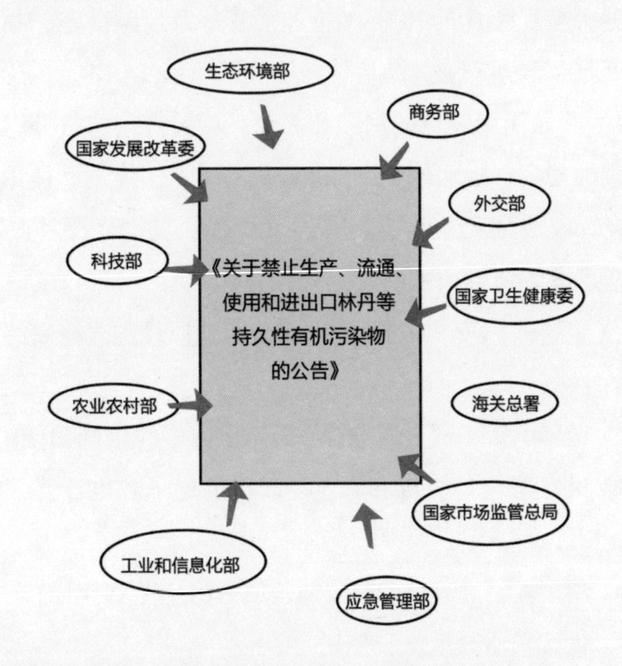

依据《公约》，PFOS/PFOSF 的可接受用途包括：

（1）照片成像的生产和使用；

（2）半导体器件的光阻剂和防反射涂层的生产和使用；

（3）化合物半导体和陶瓷滤芯的刻蚀剂的生产和使用；

（4）航空液压油的生产和使用；

（5）只用于闭环系统的金属电镀（硬金属电镀）的生产和使用；

（6）某些医疗设备[如乙烯四氟乙烯共聚物（ETFE）层和无线电屏蔽 ETFE 的生产，体外诊断医疗设备和 CCD 滤色仪]的生产和使用；

（7）灭火泡沫的生产和使用。

35. 我国涉及 PFOS 和 PFOA 的文件

PFOS 和 PFOA 作为工业化学品及环境污染物，我国已经开展了对它们的清单调查和风险评估工作，这些物质的生产和使用同样受到有关法律法规的约束。

（1）《石油和化工产业结构调整指导意见》

2009 年 10 月 20 日，在北京召开的石油和化工产业结构调整促进大会上，中国石油和化学工业协会发布了《石油和化工产业结构调整指导意见》，是我国最初关于 PFOS 的产业结构调整政策，该意见就石化产业结构调整在淘汰落后产能、抑制产能过剩、振兴科学技术等方面提出了指导意见。其中涉及加快淘汰含 PFOA 等有害物质的涂料产品，限制新建 10 000 t/a 以下电解法制 PFOS/PFOA 的生产装置，同时加快开发不含 PFOS/PFOA 的氟表面活性剂和整理剂系列产品等内容。该意见提高了涂料工业准入门槛，建立了准入制度或标准，限制了低端产品的无序扩张，对于涂料工业与氟化工行业的 POPs 淘汰、替代和削减具有积极意义。

（2）《工业清洁生产推行“十二五”规划》

2012 年，为从源头上减少污染，节约能源资源，工业和信息化部、科技部、财政部联合制定了《工业清洁生产推行“十二五”规划》，明确了“十二五”期间工业清洁生产的总体目标和主要任务，包括开展工业产品生态设计、提高生产过程清洁生产技术水平、开展有毒有害原料（产品）替代。其中，在有机污染物原料替代品方面，重点强调了开发 PFOS/PFOSF 的替代品；在电镀行业重点推广不含 PFOS 的铬雾和酸雾抑制剂；在半导体器件生产领域，研发用于光阻剂和反放射图层的 PFOS 替代品。

此外，2016 年发布的《工业绿色发展规划（2016—2020 年）》中也提到了特征污染物削减计划，强调以挥发性有机物、持久性有机物、重金属等污染物削减为目标，围绕重点行业、重点领域实施工业特征污染物削减计划。

（3）《环境保护综合名录（2017 年版）》

2018 年，生态环境部印发了《环境保护综合名录（2017 年版）》，综合名录包含两部分：一是“高污染、高环境风险”产品（简称“双高”产品）名录；二是环境保护重点设备名录。PFOS/ PFOSF、以 PFOA 为助剂的不粘锅、厨具用防粘的氟树脂涂料、食品机械防粘的氟树脂涂料，被列入“双高”产品名录。《环境保护综合名录（2017 年版）》从全生命周期角度列出这些“双高”产品，为政府部门、企业、社会组织和公众参与环境治理工作提供了科学有效的参考，在税收、贸易、金融等领域发挥了积极作用，已有多批“双高”产品被先后取消出口退税，禁止加工贸易。名录清晰地为企业指明了国家限制的“双高”产品、污染工艺，从而帮助企业减少甚至避免对“双高”产品的采购、生产及使用；同时公众可以更便捷地对产品进行“双高”特性识别，进而有选择性地减少购买“双高”产品，从消费链末端减少“双高”产品的流通。

（4）《危险化学品安全管理条例》

《危险化学品安全管理条例》授权原环境保护部开展危险化学品的环境管理。相关登记办法要求危险化学品的生产和使用者须向环境保护主管部门登记，并对“重点环境管理危险化学品”实施风险评估，要求企业报告和公开危险化学品的排放、转移和监测等情况。自 2014 年以来，环境保护部已经将包括 PFOS 在内的 8 种 PFAS 类化学品列入《重点环境管理危险化学品目录》，经过不断更新，截至 2018 年，已有 12 种 PFOS/PFOSF 列入《危险化学品目录（2018 版）》。

（5）《中国严格限制的有毒化学品名录》（2020 年）

2019 年 12 月，生态环境部、商务部和海关总署联合发布了《中国严格限制的有毒化学品名录》（2020 年），13 种 PFOS/PFOSF 化学品被纳入其中，要求按照《公约》《鹿特丹公约》及相关修正案进行管控。根据我国现有法规，生态环境部门依法对纳入《中国严格限制的有毒化学品名录》（2020 年）的化学品实施进出口环境管理，相关的化学品进出口必须获得“有毒化学品进（出）口环境管理放行通知单”许可。“有毒化学品进（出）口环境管理放行通知单”实行“一批一证”制，以通知单所列数量为限，不允许溢装。每份通知单在有效期内只能报关使用一次。旅客携带工业、农业用化学品进境应严格按照《化学品首次进口及有毒化学品进出口环境管理规定》办理进口手续。

（6）《国家鼓励的有毒有害原料（产品）替代品目录（2016 年版）》

为进一步引导企业开发、使用低毒低害和无毒无害原料，削减生产过程中有毒有害物质的产生和污染物排放，2016 年，工业和信息化部会同科技部、环境保护部对 2012 年版的《国家鼓励的有毒有害原料（产品）替代品目录》进行了修改，并制定发布了《国家鼓励的有毒有害原料（产品）替代品目录（2016 年版）》。《国家鼓励的有毒有害原料（产品）替代品目录（2016 年版）》在三方面做出调整：内容、结构以及替代品使用范围。其中，PFOA、APEO 表面活性剂、PFOS 和 PFOSF 均包括在内。

（7）《优先控制化学品名录》

2017 年 12 月，环境保护部会同工业和信息化部、国家卫生计生委公布了《优先控制化学品名录（第一批）》，PFOS/PFOSF 被收录其中；2020 年 11 月，PFOA 及其盐类和相关化合物被收录进了《优先控制化学品名录（第二批）》，要求针对其产生环境与健康风险的主要环节，依据相关政策法规，结合经济技术可行性，采取相应的风险管控措施，最大限度地降低化学品的生产、使用对人类健康和环境的影响。

（8）《产业结构调整指导目录（2019年本）》

早在2011年，在国家发展改革委发布的《产业结构调整指导目录（2011年本）》中就已经将PFOS及其盐类替代品和替代技术的开发和应用列入鼓励类；将新建PFOS生产装置列入限制类；将作为落后产品的含PFOS的涂料列入淘汰类。

2019年，国家发展改革委又发布了《产业结构调整目录（2019年本）》，该目录将PFOA及其盐类的替代品和替代技术的开发和应用列入了鼓励类，可接受用途的PFOS及其盐类和PFOSF（其余为淘汰类）、PFOA的生产装置被列入限制类，以PFOA为加工辅剂的含氟聚合物生产工艺分别被列入淘汰类。该目录自2020年1月1日起实施。

36．我国发布的PFOS含量检测标准

我国对于PFOS问题的关注始于欧盟PFOS禁令的颁布，而我国进出口贸易的商品检验系统对该问题接触和认识还要更早。目前我国已建立了针对主要进出口商品中PFOS含量检测的行业标准，部分已升格为国家标准，其中所采用的检测技术——液相色谱－串联质谱（LC-MS-MS）与国际上的主流方法完全一致，实现了与国际接轨。

目前我国已颁布的PFOS检测标准包括：

（1）国家标准：《氟化工产品和消费品中全氟辛烷磺酰基化合物（PFOS）的测定　高效液相色谱－串联质谱法》（GB/T 24169—2009）、《食品包装材料中全氟辛烷磺酰基化合物（PFOS）的测

定　高效液相色谱－串联质谱法》（GB/T 23243—2009）。

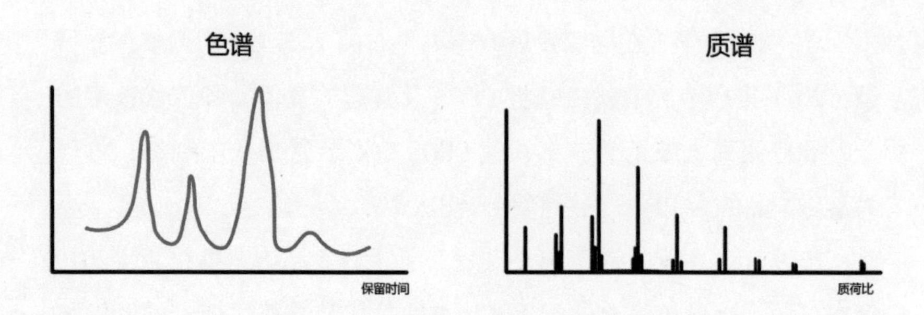

（2）行业标准：《进出口化工产品中全氟辛烷磺酸的测定　液相色谱－质谱/质谱法》（SN/T 2392—2009）、《进出口洗涤用品和化妆品中全氟辛烷磺酸的测定　液相色谱－质谱/质谱法》（SN/T 2393—2009）、《进出口灭火剂中全氟辛烷磺酸的测定　液相色谱－质谱/质谱法》（SN/T 2394—2009）、《进出口杀虫剂中全氟辛烷磺酸的测定　液相色谱－质谱/质谱法》（SN/T 2395—2009）、《进出口轻工产品中全氟辛烷磺酸的测定　液相色谱－质谱/质谱法》（SN/T 2396—2009）。

（3）地方标准：《纺织品、皮革中全氟辛烷磺酸盐（PFOS）和全氟辛酸盐（PFOA）的测定》（DB33/T 749—2009）。

37. 我国已把 PFOS 纳入环境标志产品技术要求

我国在 1994 年就成立了由国家环保总局、国家质检总局等 11 个部委的代表和知名专家组成的中国环境标志产品认证委员会，代表国家对绿色产品进行权威认证，并授予产品环境标志。2006 年，国家环保总局和财政部联合发布了《关于环境标志产品政府采购实施的意见》，要求各级国家机关、事业单位和团体组织要优先采购环境标志产品，不得采购危害环境及人体健康的产品。该意见的实施不仅有利于树立政府环保形象，对社会可持续消费起到表率作用，而且对于促进资源循环利用、实现经济社会可持续发展也具有十分重要的意义。

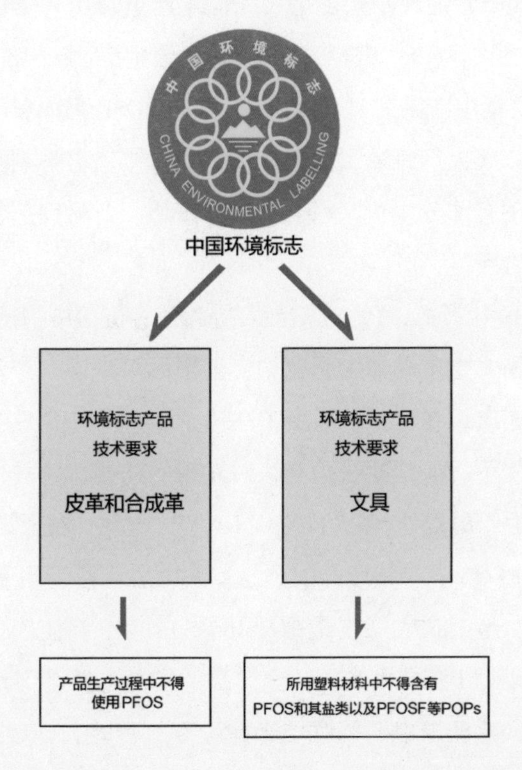

目前在皮革和合成革、文具、纺织品、再生橡胶及其制品等环境标志产品技术要求中纳入关于PFOS和其盐类以及PFOSF等POPs的要求。

环境标志产品技术要求是非强制性标准，主要适用于环境标志产品的认证，但对于行业和企业开展清洁生产，减少或停止有毒有害化学品的使用也具有一定的引导作用。

38．我国已组织开展 PFOS 替代淘汰示范

我国于 1986 年开始规模生产 PFOS，当时仅限于铬雾抑制剂等少数产品。自 3M 公司完全停止生产 PFOS 后，受市场需求的刺激，我国 PFOS 产量出现了快速增长，但年产量及历史累计产量远小于 3M 公司。根据调查，截至 2020 年，我国生产 PFOSF 的企业也只有 5 家，主要集中在湖北省和福建省。以 PFOSF 为原料的初级产品主要用于泡沫灭火剂、油田回采处理剂、电镀铬雾抑制剂和农药的生产，另外还有部分用于涂料、油墨、皮革、石材助剂、处理剂等表面活性剂的制备。

自 2019 年开始，PFOS 被列入持久性有机污染物统计年报系统，我国要求相关生产和加工企业如实上报原料来源、产量等信息，生态环境部还组织在全国开展 PFOSF 生产企业和 PFOS 制剂生产企业以及部分使用行业的执法检查，对发现的违法、违规生产、销售和使用等行为严厉查处。在 PFOS 化工生产、电镀、农药等优先行业中，组织开展 PFOS 生产领域的削减与淘汰以及可接受用途行业的 BAT/BEP 应用示范，最大限度地削减 PFOS 的生产和使用。同时，我国正在建立跟踪 PFOS 生产、销售情况的控制与监测系统，完善相关政策法规和监管机制，加强能力建设和宣传教育，以推动 PFOS 在我国的全面淘汰。

CHAPTER 5

第五章

替代技术知多少

39. 3M 公司以 PFBS 衍生物作为 PFOS 替代品

在停止生产 PFOS 之后，3M 公司研究了全氟丁基磺酸（PFBS）作为 PFOS 替代品的可能性。PFBS 可以用作聚合物生产和化学合成中的催化剂。PFBS 的钾盐主要在电子电气设备的聚碳酸酯材料中作为阻燃剂，它的四乙基铵盐则可用于金属电镀，而其四丁基磷盐则可用作塑料抗静电添加剂。尽管 PFBS 的主链上只有 4 个碳原子，但该物质的结构与 PFOS（C8）相似，因此越来越多地被用作替代品。

作为 PFBS 的研制者和主要推广者，3M 公司对其环境友好性进行了详细研究。研究表明，基于全氟丁基磺酸基的聚合物仅有非常低的潜在可能性会分解成 PFBS 单体进入环境。3M 公司主要按照 USEPA 有关化学品的持久性、生物累积性和毒性的分类办法对 PFBS 进行了测试，得出的结论是 PFBS 是持久稳定的，但并不具有生物累积性或毒性。

3M 公司将研究结果提供给了相关政府机构。2005 年 11 月，澳大利亚政府在对 3M 公司资料进行审查后，发布了关于 PFBS 的评估报告，其结论是 PFBS 对于鸟类、藻类、水生无脊椎动物、鱼类和微生物没有毒害。PFBS 对水生生物是不具有生物累积性的，也没有毒性。 另外，美国国家职业安全与健康研究所（NIOSH）提供的急性生物毒性资料显示，PFBS 被归类于无害；欧盟法律也不要求该类产品贴警告标识。

从目前的研究结果来看，以 PFBS 及其相关衍生物作为 PFOS 的替代品所得到的最终降解产物 PFBS 仍然是持久性的，但不是生物累积性的，也不具有毒性。

欧盟将 PFBS 列入极高关注物质（SVHC）清单

极高关注物质（Substances of Very High Concern，SVHC）是 REACH 法规规定的可能对人类健康和环境产生严重且往往不可逆转影响的物质。如果一种物质被确定为 SVHC，它将被添加到候选名单中，以便最终纳入授权名单。

欧盟将PFBS列入
SVHC清单

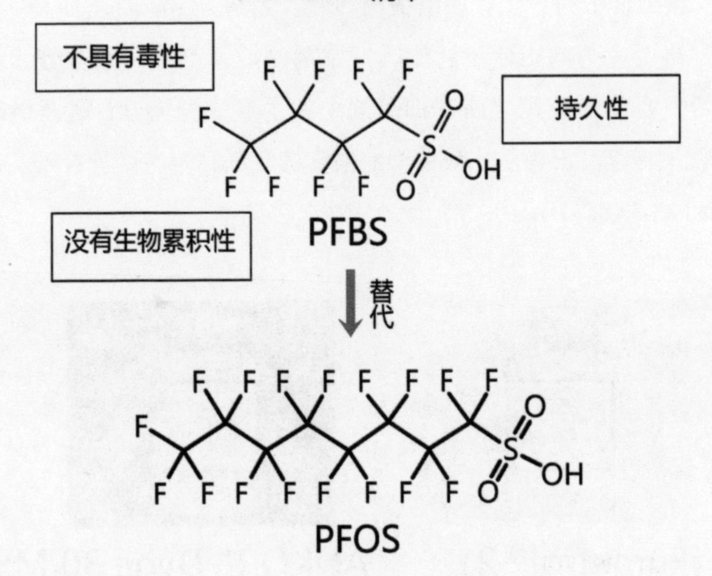

2019 年 9 月 3 日，ECHA 发布通知，拟将 4 种化学物质列入 SVHC 清单，其中包括 PFBS 及其盐类。许多 PFAS 会分解成 PFBS，导致 PFBS 在环境中的实际存在水平高于该物质本身生产和使用的环境水平。并且，由于其盐类衍生物和 PFBS 一样以阴离子磺酸盐形式存在，PFBS 的盐类很难与环境中的纯物质区分开来，这导致目前人们对其实际环境存在情况很难有准确了解。挪威提议将 PFBS 确定为 SVHC，并于 2019 年 12 月在赫尔辛基举行的 ECHA 成员国委员会上进行了讨论。委员会一致同意 PFBS 及其盐符合 REACH 法规第 57 条中的 SVHC 鉴定标准。

40. 6:2 FTS 替代 PFOS 作为铬雾抑制剂

2020 年 6 月，美国密歇根州环境、大湖与能源局公布了一项关于镀铬企业当前正使用的铬雾抑制剂的抽样测试研究报告，结果表明，当前所使用的铬雾抑制剂中的主要成分为 6:2 氟调聚磺酸（6:2 FTS）。市面上比较典型的铬雾抑制剂品牌有两种：Fumetrol® 21 和 ANKOR® Dyne 30 MS。

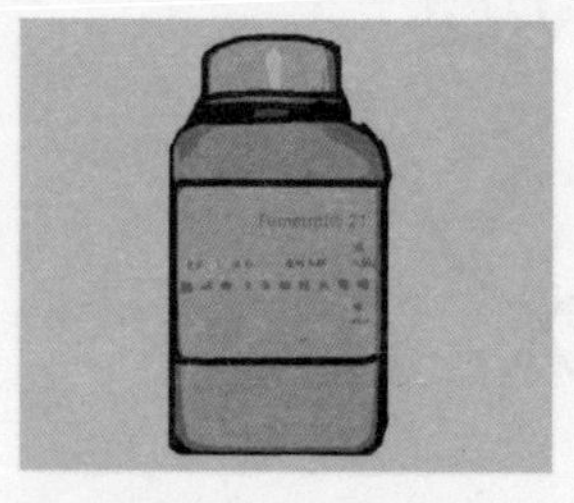

Fumetrol® 21

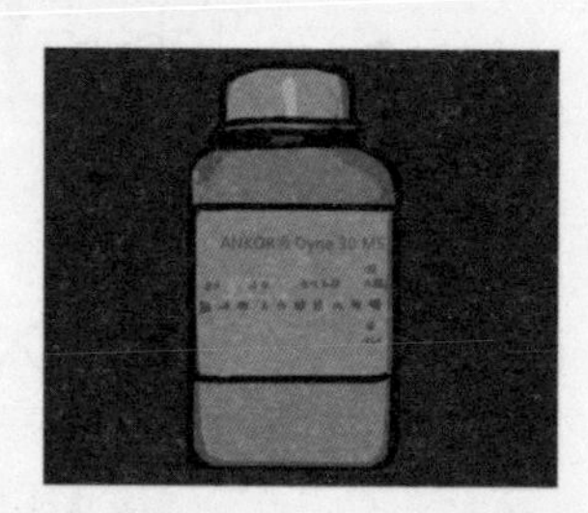

ANKOR® Dyne 30 MS

Fumetrol® 21是德国安美特公司特别研制的非PFOS铬雾抑制剂，用以取代之前该公司基于PFOS的产品Fumetrol® 140，它是一种稳定、高效、非PFOS的液态铬雾抑制剂，能够在镀液（CrO_3溶液）表层很好地形成泡沫层，同时降低CrO_3溶液的表面张力，并减少由于镀铬过程产生气体所带来的液体损耗。同样，乐思化学公司也推出了一种新型铬雾抑制剂——ANKOR® Dyne 30 MS，其独特之处在于能够将表面张力降到极低水平，避免铬雾逸出的同时，几乎没有泡沫产生，与市场上其他产品相比，这种铬雾抑制剂在使用时所需剂量较少，且能够耐受较高的操作温度。

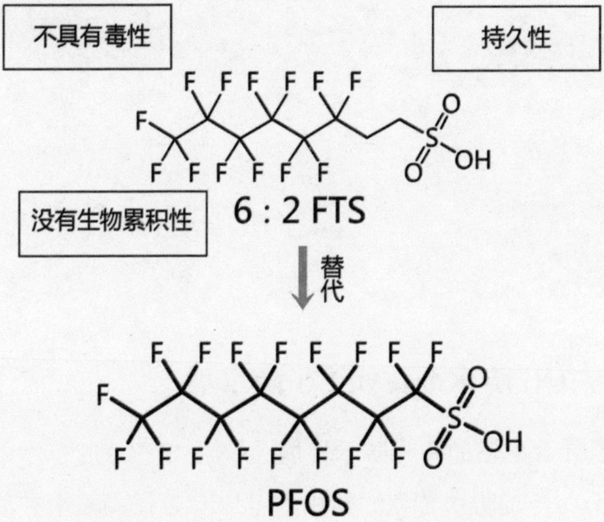

6:2 FTS与PFOS的环境相关特性对比

除了作为铬雾抑制剂，部分基于C6调聚物的氟表面活性剂的降解产物在水中的存在形式也是6:2 FTS。有报道表示该类物质的钾盐，即6:2 FTS–K的浓度能够在污水处理厂的活性污泥的作用下降低。经过实验室的密闭瓶试验发现，这一现象是由于活性污泥的吸附作用而非降解作用导致的。相比于PFOS，6:2 FTS仍然是持久性的，但不是生物累积性的，也不具有毒性。

性质	6:2 FTS	PFOS
p*K*a（酸性）	2～3	<−1
急性毒性 LD_{50}（鱼类）	>107 mg/L	78 mg/L
EC_{50}（大型蚤）	>109 mg/L	58 mg/L
EC_{50}（藻类）	>96 mg/L	48.2 mg/L
NOEC（鱼类）	2.62 mg/L	0.29 mg/L
生物累积性	无	有
急性毒性 LD_{50}（大鼠）	2 000 mg/kg	233 mg/kg
NOAEL（大鼠）	15 mg/（kg · d）	1.77 mg/（kg · d）

41．C6防水剂替代C8防水剂

由于具有出色的防污防水性能，C8类PFAS的一大用途是作为防水剂，经过防水整理的纺织物可以有效抵御雨水和油污，同时保持人体干爽舒适。不过，在绿色环保与可持续发展成为全球大趋势的情况下，杜邦、科莱恩等公司早在2015年就承诺彻底禁止生产C8防水剂，并以环保、低排放的产品取代，C6防水剂就是代表性的替代产品之一。

C6 防水剂是以六碳含氟树脂合成的，不含 APEO、PFOA、PFOS 等物质的环保型产品。与 PFOS 相比，C6 防水剂的有效化学成分 PFHxS 氟碳链短，其毒性相对较小，无明显持久性和生物累积性，且其降解物无毒无害。在 2015 年的 OEKO-TEX 100 生态纺织品标准中，规定防水产品中的 PFOS、PFOA 含量必须低于 1 μg/m^2，而 C6 防水剂中的 PFOA、PFOS 含量均低于最低限度，不会威胁环境与人体安全。所以 C6 防水剂能在短时间内占领绝大部分市场，国际标准也起到了重要的推动作用。

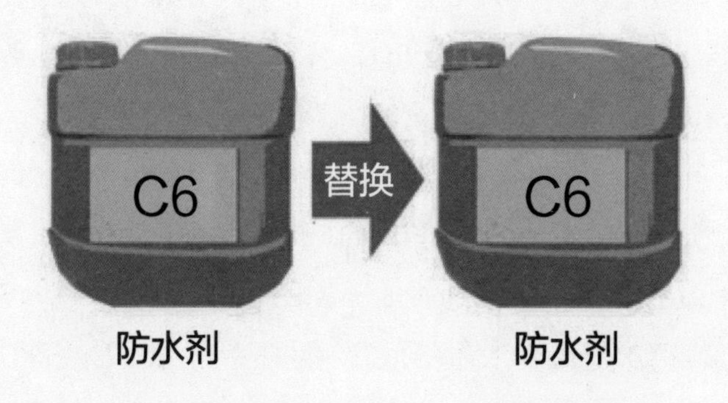

但 C6 防水剂在推向市场的初期也并非一帆风顺，主要因为它存在以下方面的问题：在用于高支高密的纺织产品时难以获得很好的防水效果；为了得到同样的防水效果，C6 防水剂的使用量大于 C8 防水剂，因而增加了生产成本；当布面清洗不干净，或采用回用水配料，或和柔软剂、硬挺剂、抗静电剂等助剂并用时，其防水效果将会下降；因 C6 防水剂的表面张力低于 C8 防水剂，定向排列和结晶度较差，其耐洗涤性差。近年来，日本大金公司在 C6 防水剂制造技术上不断改进并加以提升，使短链 C6 防水剂的静态防水和

动态防水效果均达到了 C8 防水剂的水平。此外，3M 公司用 PFHxS 制成的防水新产品已上市，日本旭硝子株式会社推出符合欧盟要求的不含 PFOS、PFOA 和 APEO 的高耐久含氟防水、防油剂——AGE550D 系列产品，亨斯迈、传化、广州联庄、德美等公司也推出了各自高性能的 C6 系列防水产品。中国在 C6 防水剂方面的研发生产取得了显著成就，经过国产 C6 防水剂加工出来的产品已经完全可以满足欧美客户的各项标准，很多印染厂家都会优先选择我国的优质 C6 防水剂做防水整理加工。

基于 C6 调聚物的氟表面活性剂较 PFOS 和 PFOA 的进步

杜邦公司作为 C6 这一类 PFOS 替代品的主要生产者，曾对其环境友好性进行了较为系统的研究。结果表明：

（1）基于 C6 调聚物的氟表面活性剂与 PFBS 一样，仍然是环境持久性的，但不是生物累积性的，对于工人、消费者以及按照产品技术说明书要求使用的场所是安全无害的。

（2）这类表面活性剂的降解产物可能为全氟己酸（PFHxA），部分产品也会在低浓度下生成 6:2 FTS，而这两种物质都不具有生物累积性。PFHxA 在雄性大鼠体内的生物持久性（Biopersistence）相比其他全氟烷基物质要低得多。

（3）基于 C6 调聚物的氟表面活性的毒性很低。以杜邦公司生产的 AFFF 用氟表面活性剂的代表性产品 Capstone™ 1157 为例，其毒性测试的结果表明，花鳉鱼 96 h 的半致死浓度 LC_{50} 大于 35mg/L，属于轻微到中等程度；Capstone™ 1157 的急性经口毒性很低，不会对皮肤产生刺激，也不会致敏，但是对眼睛有刺激；未发现有致突变性或者导致染色体畸变。

总体而言，基于C6调聚物的氟表面活性剂仍然是持久性的，但不是生物累积性的，也不具有毒性。

42．3M公司用ADONA替代PFOA

作为响应USEPA发起的2010年/2015年PFOA管理计划的重要举措，3M公司于2008年宣布采用专利产品ADONA作为PFOA铵盐的替代物，用于氟聚合物乳化剂。ADONA是一个全氟烷基醚酸的铵盐。

根据3M公司的资料，利用ADONA生产的含氟聚合物产品与之前采用全氟辛酸铵生产的在质量上没有差别。

43．PFOA的替代品——GenX引发争议

GenX由美国科慕公司发明，作为PFOA的替代品广泛用于生产不粘锅涂料、燃料电池组件和其他产品。GenX为六氟环氧丙烷二聚体酸（HFPO-DA）的铵盐，可水解为HFPO-DA，在环境中具有持久性，在水中扩散性强。科慕公司在美国北卡罗来纳州的一家工厂生产并使用GenX代替PFOA作为聚合助剂。由于GenX并不属于水质监管物质，该工厂将含有GenX的工业废水直接排入地表径流。2017年，GenX的水解产物HFPO-DA在当地饮用水水源地开普菲尔河下游以及附近的地下水、雨水和处理过的饮用水中被大量发现而引起了当地居民的恐慌。随后，科慕公司停止生产GenX，相关的水质监测由当地大学和科研机构的联合实验室进行。北卡罗来纳州政府正在讨论关于GenX的法案，一旦通过，科

慕公司将承担所有 GenX 的监测费用。

USEPA 一直在尝试给出 GenX 氟醚表面活性剂及其酸的每日安全摄入值，2018 年发布的关于 GenX 和 HFPO-DA 的的人类健康毒性值的公认审查草案建议，饮用或食用这些化学物质的安全水平应是 PFOA 和 PFOS 的 4 倍。USEPA 在 2019 年 11 月 4 日给出 GenX 和 HFPO-DA 的长期安全参考剂量为 80 ng/（kg · d）。长期安全参考剂量是可接受的最大人体接触水平，可能在一生中不会造成明显的健康风险。对 GenX 的动物实验显示，GenX 会对肝脏、肾脏、血液、免疫系统和胎儿产生不利影响。相比之下，USEPA 建议的 PFOA 和 PFOS（这两种物质已不再使用，但仍广泛存在于饮用水中）的长期安全参考剂量为 20 ng/（kg · d），并在这些数据的基础上，为饮用水中 PFOA 和 PFOS 单独或总浓度设定了 70 ppt 的健康建议限值。

根据荷兰政府的一项提议，科慕公司的 GenX 将成为欧盟严格监管的候选化合物之一。荷兰政府指出，21 ng/（kg · d）的 HFPO-DA 摄入量即可能对人体健康产生负面影响。动物实验表明，GenX 对肝脏、肾脏、血液和免疫系统都有危害。在对荷兰的提议进行公开评议之后，欧洲化学品管理局（ECHA）将决定 GenX、HFPO-DA 和相关化合物是否符合 REACH 法规中极高关注物质的标准。2019 年 6 月 27 日，欧盟成员国委员会根据 REACH 法规，把 GenX、HFPO-DA 及相关化合物列入可能受到严格控制的化学品名单，它们将成为欧盟逐步淘汰的候选产品，只有在 ECHA 批准的情况下，才能进一步使用。

HFPO-DA 和 GenX的长期安全参考剂量为80 ng/（kg·d）

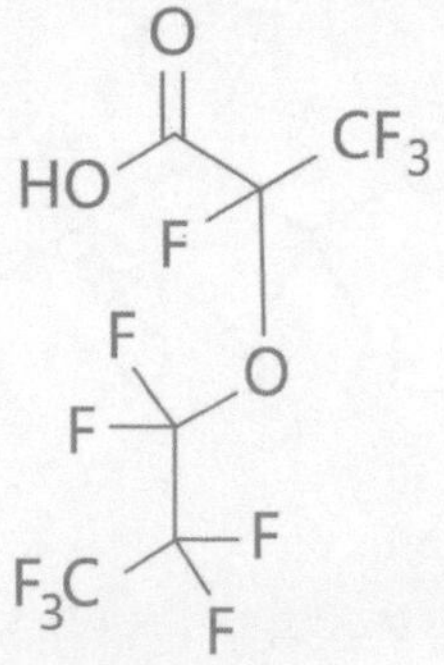

HFPO–DA 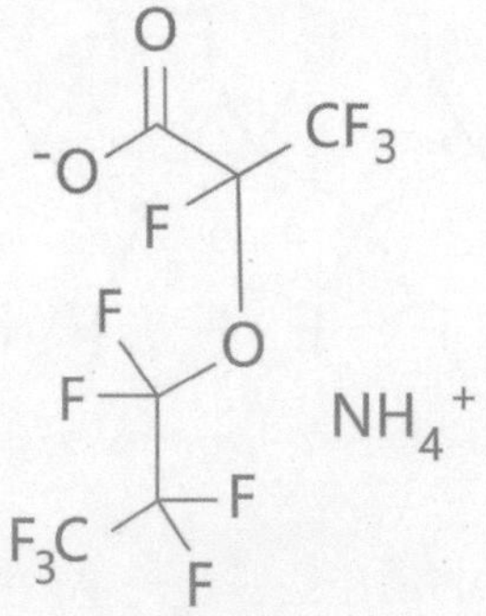 **GenX**

PFOA和PFOS的长期安全参考剂量为20 ng/（kg·d）

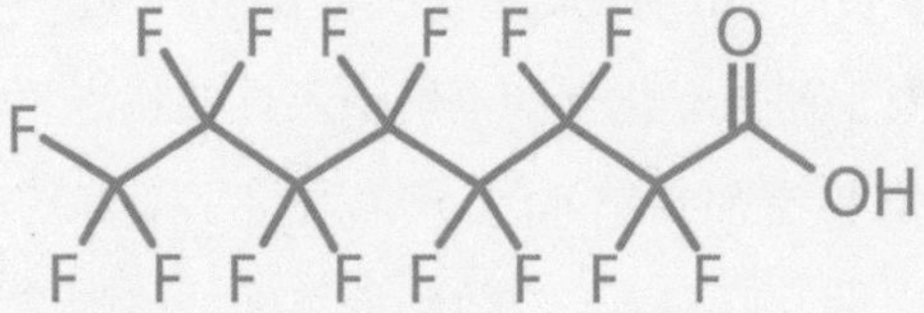

PFOA

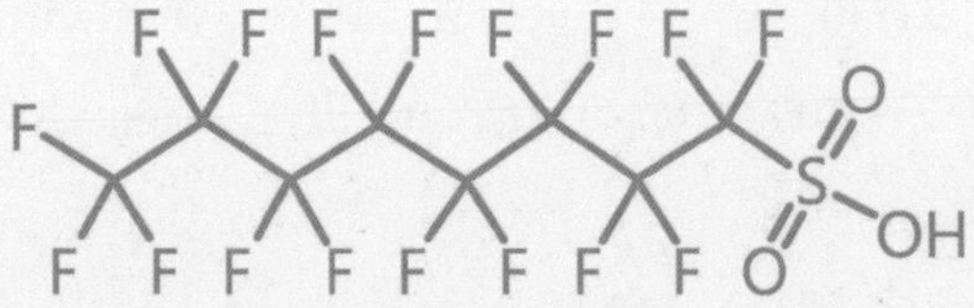

PFOS

44. 我国的 PFOS 铬雾抑制剂替代品——F-53B

全氟烷基醚磺酸钾（F-53B）是 20 世纪 70 年代由中国科学院上海有机化学研究所针对铬雾抑制剂的用途而研制出来的。在很长

的时间里这个物质只在中国被使用，在国际上很少有人知晓。

F-53B 的化学结构式

F-53B 的用法非常简单，将称取的 F-53B 白色结晶粉末用沸水完全溶解（如将约 20 g F-53B 粉末加入 500 mL 沸水中）后倒入电镀槽中即可。当产品溶液倒入电镀槽后，在 3 ～ 5min 内所形成的泡沫即可完全覆盖在镀液表面，达到防止铬雾逸出的效果，在电镀停止后泡沫即消失。F-53B 使用时的电镀液温度以 40 ～ 60℃为宜。F-53B 具有耐高温、耐强氧化剂和电解稳定性的特点，已在我国电镀工业中作为铬雾抑制剂使用 40 多年，取得了很好的经济效益和环境效益。实践表明，F-53B 能有效降低车间的铬酸浓度，可达到国家标准的 1/50 ～ 1/30，工厂可完全免去排风装置和铬酸回收装置，从而节约电力 95% ～ 100%，节约铬酸 20% 以上，防止环境污染，确保操作人员健康。

F-53B 因为具有 POPs 特性而被关注

清华大学持久性有机污染物研究中心最早注意到了 F-53B 可能的风险，并于 2013 年在国际期刊《环境科学与技术》上发表了相关研究文章，结果表明：

（1）F-53B 在镀铬废水的检出浓度与 PFOS 相当，现有镀铬废水处理流程对其没有明显的去除作用；

（2）镀铬废水经园区污水处理站、市政污水处理厂处理后，在受纳水体中仍然能明显检出 F–53B；

（3）按照 OECD 的标准方法进行实验测试，F–53B 不具有快速生物降解性，对鱼类的急性毒性与 FC–80 处于同一等级；

（4）在 5 种典型的高级氧化方法条件下，F–53B 和 FC–80 一样都不发生降解；

（5）采用计算化学手段预测 F–53B 的生物累积性与 FC–80 也较为相近。

F–53B 在 PBT 特性上与 PFOS 没有明显差异，是一种可能的新 POPs。随后 F–53B 引起了国内外学者的关注，一系列后续研究成果陆续发布。

CHAPTER 6

第六章

绿色生活知多少

45. 去除饮用水中 PFAS 的常用技术

在当前的技术和经济条件下，较为可行的去除饮用水中 PFAS 的常用技术有三种：颗粒活性炭吸附技术、离子交换树脂技术和反渗透技术。

（1）颗粒活性炭吸附技术

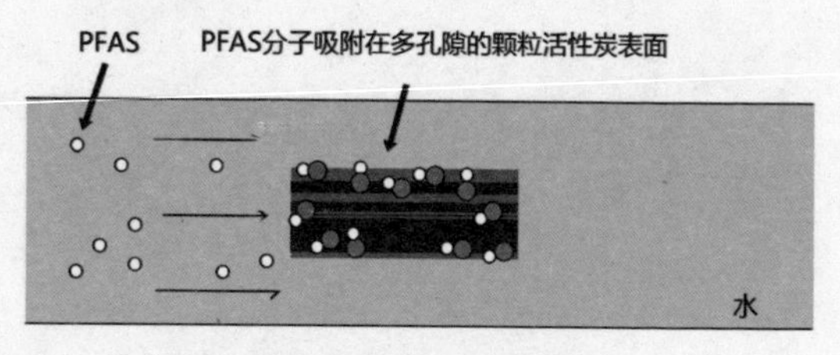

颗粒活性炭吸附技术

活性炭是一种经过特殊处理的炭，其生产过程是将固态碳质物（如木材、煤炭、果壳等）在无氧条件下经过 600 ～ 900° C 的高温热解，经过炭化后再与空气、二氧化碳、水蒸气等气体反应使物质表面产生大量微小的孔隙，即为活化。这样处理后的活性炭材料具有发达的微孔结构和比表面积，有较好的吸附能力。根据粒径分布的不同，活性炭分为颗粒活性炭（Granular Activated Carbon, GAC）（粒径大于 0.18 mm）和粉末活性炭（粒径小于 0.18 mm）。由于具有机械强度高、粉尘污染少、操作简单等优势，颗粒活性炭被广泛用于吸附和去除水中的各种污染物，是成本最低的 PFAS 处理选择。当水流经过材料填充层时，PFAS 分子会吸附在具有多孔隙的 GAC 表面，从而被去除；当达到饱和时，GAC 无法继续进行吸附，这时，可以将用过的 GAC 取出，进行填埋或高温再生。

21 世纪初，美国明尼苏达州圣保罗市的监测数据显示，市政饮用水水源中存在 PFAS 污染。2006 年，基于活性炭吸附的水过滤系统被该市采用以降低 PFAS 含量。经过活性炭处理后的饮用水中的 PFOS 和 PFOA 浓度被降低到 USEPA 健康建议限值（70 ppt）以下。

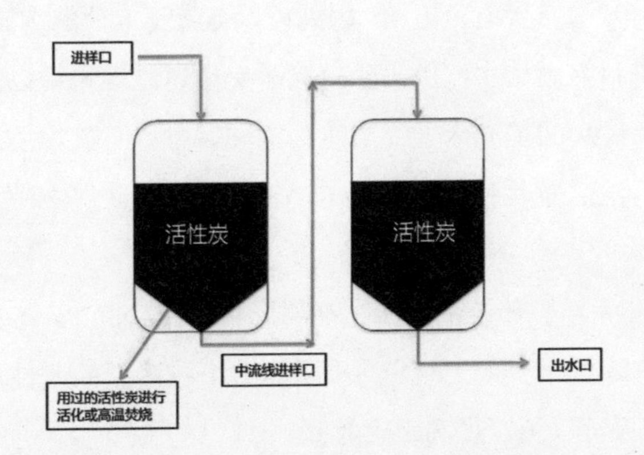

美国明尼苏达州卫生部门还先后于 2008 年、2010 年、2014 年测量了在安装活性炭过滤系统之前和之后，通过饮用水接触 PFAS 的人群的血液 PFAS 水平。结果发现，安装活性炭过滤系统后，人群血液中 PFOS、PFOA 和 PFHxS 的含量都呈现下降趋势。

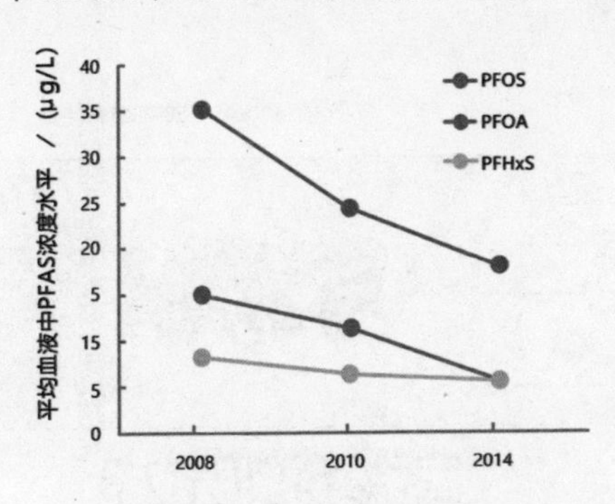

美国明尼苏达州居民血液中的PFAS浓度水平变化

（2）离子交换树脂技术

离子交换树脂是一种基于聚合物（如苯乙烯）的、带有交换离子活性基团的颗粒状树脂，通过树脂上的活性基团与水中存在的污染物进行离子交换达到去除污染物的目的。根据官能团的不同，离子交换树脂大致可分为阳离子交换树脂、阴离子交换树脂和两性树脂。PFAS 分子通常带有负电荷，因此可以与带正电荷的物质相结合，被转移到树脂上而从水体中去除。离子交换树脂颗粒可以安装在类似于颗粒活性炭的填充床上，当达到饱和后可以直接填埋或者用化学冲洗液清洗后重复使用。但是 PFAS 会转移到冲洗液中，必须进一步处理。

与 GAC 一样，传统的离子交换树脂可以结合除 PFAS 以外的很多分子，这降低了其对 PFAS 的吸附能力。一些新的改性树脂专门针对 PFAS 设计，可以提高吸附效率。

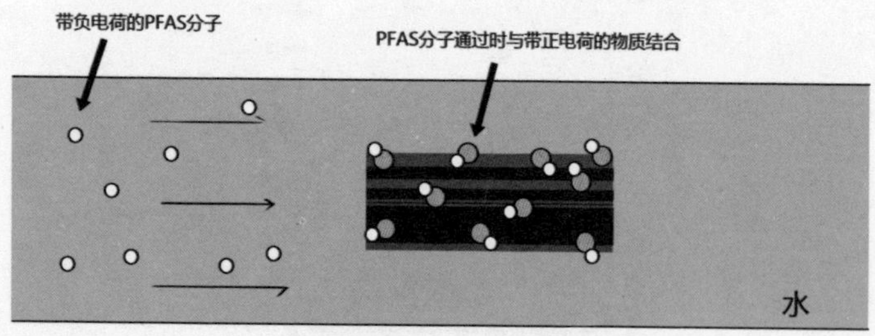

离子交换树脂技术

（3）反渗透技术

半透膜是一种对透过的物质具有选择性的薄膜。当有相同体积的低浓度液体和高浓度液体在半透膜两边时，由于渗透压的作用，稀溶液中的物质会透过半透膜流向浓溶液一端，这个过程即为渗透（Osmosis）。反渗透（Reverse Osmosis, RO）是一种在浓溶液一端施加大于渗透压的压力，使得溶液中的物质的流动方向与渗透的方向相反，从而达到把物质从溶液中去除的目的。通过对污染水体进行加压，使其通过过滤 PFAS 的反渗透膜，就可以实现 PFAS 的去除。不过，产生的高浓度 PFAS 废液必须经废水处理后再排放。

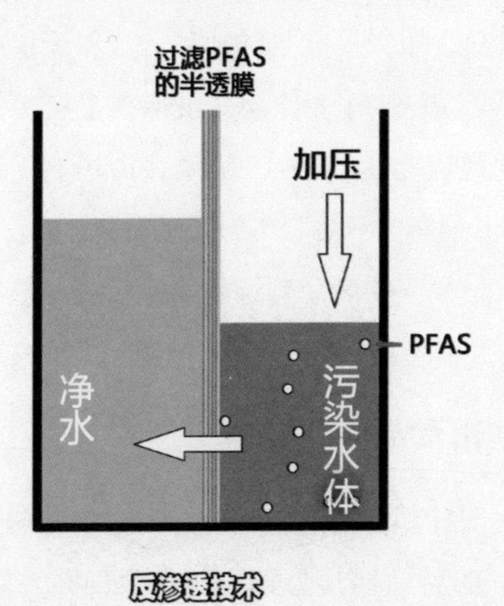

反渗透技术

46．生活中需要注意避免 PFAS 的暴露

环保公益组织——环境工作组（EWG）于 2018 年 6 月发布了《如何避免 PFAS 化学品的指南》。该指南强调 PFAS 在环境和人体中持久存在，并与严重的健康影响有关。由于它们被广泛地运用，并

以多种方式污染环境，包括通过产品降解和污染排放，科学家和监管机构难以追踪 PFAS 系列化学品进入人体血液的确切途径。但根据美国疾病控制与预防中心的数据，它们在血液中的存在是美国普遍的现象。

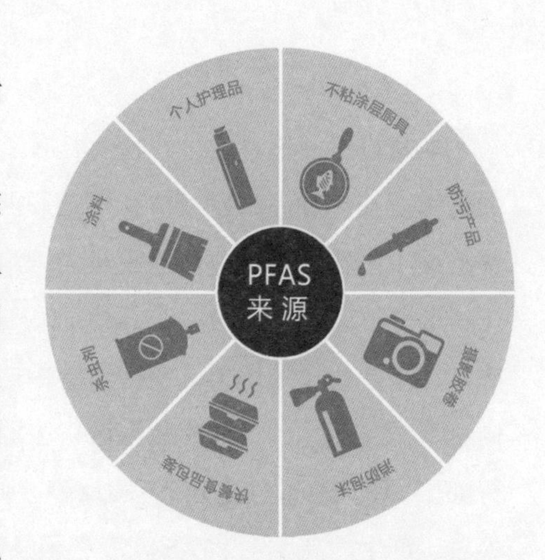

PFAS 可能存在于食品包装、厨具、化妆品、服饰、家具和地毯的涂料涂层中。大多数防水或防污的服装都以 PFAS 作为涂层，虽然很多负责任的服装品牌正在寻求更安全的替代品，但 PFAS 涂层在市场上仍然很常见。在产品说明或广告中，强调“不粘”“防水”“耐候性”“防风挡雨”“防污渍”“多氟或全氟”的产品曾经是值得信赖的选择，而如今却变成了警示的标志，消费者需要注意其中可能含有 PFAS。

47. 炊具和食品

1938 年，美国杜邦公司的工程师在研究制冷剂时发现了聚四氟乙烯（PTFE）。随后，杜邦公司为包括聚四氟乙烯、聚全氟乙丙烯在内的一系列氟聚合物的商品注册了商标——特氟隆（Teflon）。1961 年，美国推出了最早的不粘锅商品——“快乐锅”（The Happy Pan）。20 世纪，以 Teflon 涂层为主的不粘锅在欧美、日本等发达国家和地区的普及率达到 90% 以上。除了优异的防水防污性能，Teflon 系列材料还具有耐腐蚀、抗高低温等特性，曾被称为“拒腐蚀、永不粘的特氟隆”。

20世纪80年代，我国开始引入国外不粘锅生产线，随后，在各大炊具厂商的推广下，不粘锅开始在国内普及。2004年，USEPA对杜邦公司提起关于PFOA的行政指控，称其违反了美国联邦关于潜在健康风险报告的要求。作为Teflon系列材料生产的必不可少的表面活性剂，C8的危害开始被人们了解，Teflon涂层不粘锅产品的销售也受到影响，部分不粘锅被撤下货架，有的消费者还提出了退货要求。2004年10月13日，我国国家质检总局在对市售大部分不粘锅进行检测后发布消息，市售使用含Teflon涂层的不粘锅产品均未检出PFOA残留。近年来，Teflon不再出现在不粘锅炊具中，但不粘锅炊具的发展却从未停止，商家们开始了PFOA替代物的研究。目前炊具市场上广泛采用的有机涂层主要有聚四氟乙烯（PTFE）、氟化乙烯丙烯共聚物（FEP）和四氟乙烯－全氟烷基乙烯基醚共聚物（PFA）。

带Teflon涂层的不粘锅

许多食物中都有 PFAS 的踪迹，各个国家在奶制品、肉类、蔬菜和水产品等中检测出全氟烷基物质。美国食品药品监督管理局在 2017 年 10 月对 16 种 PFAS 进行了调查。在从杂货店采集了 90 多个样本后，该机构在菠菜和红薯中发现了微量的 PFAS，在肉类、海鲜、巧克力牛奶和巧克力蛋糕中发现了含量更高的 PFAS。肉类和海鲜的样本包括火鸡、牛排、热狗、羊排、鸡腿、罗非鱼、鳕鱼、三文鱼、虾和鲤鱼，其中都显示出 PFAS 含量已经超出了 USEPA 所规定的健康建议限值（70 ppt）。其中检出频率和检出浓度最高的食物主要是快餐类，尤其是在法式煎炸品、三明治和披萨中。欧洲、南美洲等地的水产品中也都检测到不同浓度的 PFOS 和 PFOA。日本的一项畜牧业研究发现，饲养的鸡和猪的肝脏中均检测出 PFOS。

为什么 PFAS 会出现在我们的食物中？一种比较常见的可能是通过食物的包装。研究表明，食物纸盒、油炸食品袋等包装中含有 PFAS，而实验数据则表明由于在食品包装袋中的迁移，微波爆米花在烹饪后 PFAS 的含量出现明显上升。同年，华盛顿成为美国第一个禁止在食品包装中使用 PFAS 的城市，食品包装包括微波爆米花袋和快餐包装。几个月后，旧金山禁止在一次性食品容器、餐具、餐巾、盘子、吸管、托盘和盖子中使用 PFAS。从现有的食品检测种类来看，样品大多是富含蛋白质的食物，对加工食品，特别是含有大量油脂和糖类的食品的检测相对较少。这些加工食品也可能通过原材料污染、食品包装或加工处理过程引入 PFAS 的污染。

PFAS 是应用非常广泛的化学品，从防污衣服到灭火泡沫，还可以在某些食品包装中找到它们。虽然 PFAS 不能通过洗涤或烹饪从食物中去除，不过，从一般食品供应中检测到的 PFAS 含量非常低，并且基于现有的科学研究，还没有迹象表明食用这些食品对人体健康有影响。还有一些 PFAS 已经被批准可用于食品包装，如制造不粘锅涂层。这种涂层由聚合的分子组成（即连接在一起形成大分子），并通过加热过程附着到锅上，从而有效防止 PFAS 迁移到食物上。但是当温度过高时，涂层会产生微量的热解物，涂层出现破损也会导致一些 PFAS 物质迁移到食物中。因此在使用过程中，应当避免对含有 PFAS 涂层的食物包装及炊具进行高温加热，出现破损后应及时更换。

48. 地毯和家具

地毯通常采用 PFAS 进行防污渍和防水处理。在 USEPA 的一项调查研究中发现地毯和清洁处理地毯的产品中 PFAS 含量非常高。当婴儿、儿童和宠物在地毯上长时间躺着、爬行或玩耍时，特别容易吸入地毯和地毯清洁保护剂中散发出的含 PFAS 气体。随着时间的推移，地毯上的 PFAS 防污处理会被磨损掉，于是许多地毯清洁保护产品都含有防污剂。不仅是地毯清洁剂，PFAS 还被用作乳化剂、清洁产品中的表面活性剂 / 润湿剂、地板抛光剂和乳胶漆。因此，PFAS 还出现在服装和鞋类的防水喷雾剂，处理纺织品、室内装饰品、皮革等的产品中。

软包家具上的织物和座套通常采用 PFAS 做防污和防水处理。因此，消费者应慎重选择经过预处理的织物，因为这些织物涂层通常都由 PFAS 制成。即使是基于纳米颗粒的新型防污剂也是从含氟化合物中开发出来的。

在我们的日常生活中应避免使用 PFAS 处理过的地毯，对新地毯尽量不要做污渍处理；考虑用其他材质的地板（如瓷砖、硬木或未经处理的软木）来替换地毯；避免使用含有 PFAS 的地毯或地毯清洁产品，并使用无毒清洁剂清洁污渍；经常使用高效空气过滤器（HEPA）来清除家具中散发的 PFAS 尘埃；同时应避免使用基于 PFAS 的防污剂，并且不要做污渍预处理；如果可以，请更换经过处理的家具、布料或座套。同时，尽量做到每周室内吸尘，从而减少暴露于被 PFAS 污染的粉尘。如果担心家具会污染食物，那么尽量限制不在软体家具上进食。

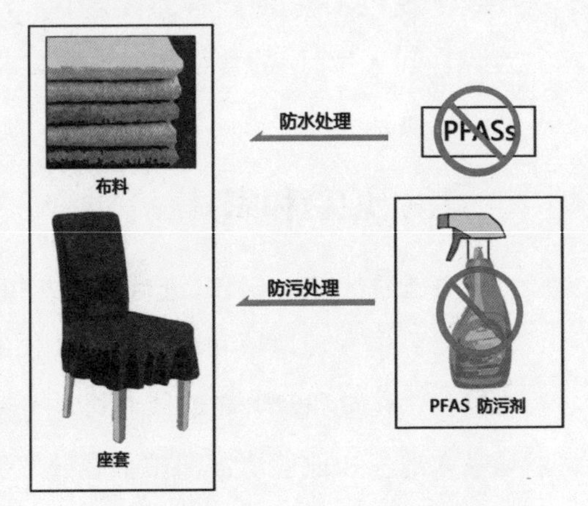

应避免使用所有基于PFAS的防污剂，并且不要做污渍预处理

49. 服装和化妆品

2016 年，绿色和平组织发布跨国调查报告，指出许多户外

品牌的防水产品被检出不同类型的 PFAS。本次报告检验了来自 19 个不同国家和地区的共 40 件防水产品，其中有 36 件被检出含有全氟烷基物质，检出比例高达 90%。值得注意的是，许多户外品牌已经声明优先淘汰具有致癌风险的 PFOA 与 PFOS。但仍然发现部分产品中含有 PFOA，包括夹克（0.11 μg/m^2）、裤子（0.58 μg/m^2）、鞋子（0.81 μg/m^2），其中睡袋的 PFOA 含量更超出欧盟对服装中 PFOA 的法定标准 1 μg/m^2 的 7 倍（7.1 μg/m^2）。另外一项对市售的 30 批冲锋衣的采样调查也发现，50% 的产品中 PFOA 含量超过欧盟的限值。

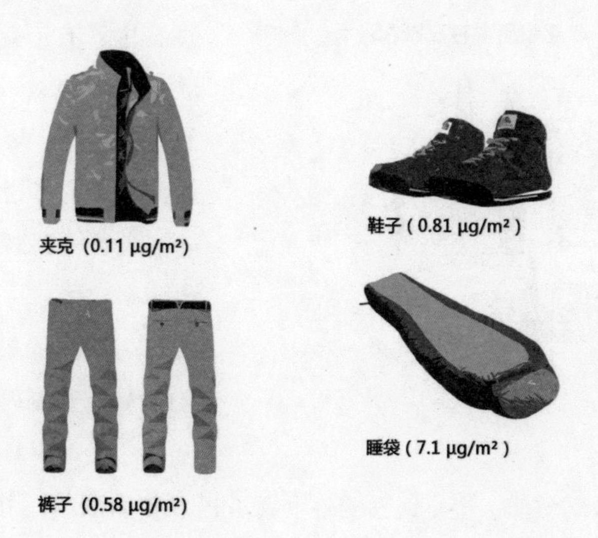

服装对人体健康有重要的影响，国际环保纺织协会的独立检验所自 1992 年以来按照 Oeko-Tex® Standard 100 标准对各种纺织品进行有害物质检验，以确保纺织品的健康无害性。Oeko-Tex® Standard

100 限制使用纺织品中已知的可能存在的有害物质，无论其是否受到管制。2014 年 1 月 13 日，Oeko-Tex® 在其官网上发布了最新的 Oeko-Tex® Standard 100 标准修订内容，其中关于 PFOA 的监管会更加严格。

Oeko-Tex® Standard 100纺织生态标签样式

丹麦环境和食品部 2018 年公布的一项研究报告显示，在调查的 7.5 万种化妆品和护肤品中，有 1/3 含有高浓度的 PFAS。所涉及的成分包括：聚四氟乙烯、全氟壬基聚二甲基硅氧烷、全萘烷氟、氟代醇磷酸酯、甲基丙烯酸八氟戊酯、全氟已烷、1,1,1,3,3- 五氟丙烷、聚全氟乙氧基甲氧基二氟乙基 PEG 磷酸酯、聚全氟乙氧基甲氧基 PEG-2 磷酸酯、甲基九氟丁醚、二甲基硅氧烷 PEG-7 十一碳烯酸酯、全氟二甲基环己烷、全氟全氢化菲等。2019 年，美国环境工作组 EWG 在所建立的 Skin Deep 数据库中确定了 15 个品牌、66 种不同产品中含有 PFAS，这些产品包括眼影、剃须霜、润唇膏、防晒霜、洗发水，其中涉及许

化妆品中存在PFAS

多家喻户晓的品牌。美国食品药物监督管理局还没有审查化妆品成分的安全性，PFAS 在化妆品中含量的完整研究报告也尚未公开。但眼影、粉饼、粉底、修容粉和腮红占含有 PFAS 的产品的近 80%。EWG 在个人护理品和化妆品中已发现了 13 种不同的 PFAS。

50．国际学术界关于 PFAS 的三个声明

近年来，PFAS 可能引发的健康和环境风险也引发了越来越多的争议和关注。国际学术界已先后发布了 3 个联合声明：2014 年的《关于 PFAS 的赫尔辛格声明》、2015 年的《关于 PFAS 的马德里声明》以及 2018 年的《关于 PFAS 未来行动的苏黎世声明》。

2015 年，来自 44 个国家的 252 位科学家签名支持《关于 PFAS 的马德里声明》，呼吁减少 PFAS 的使用，并开发安全的无氟替代产品。他们还提出了一个必不可少的“三位一体”方法：一是落实减少工厂 PFAS 排放的安全保障措施；二是在适当的时候减少 PFAS 使用；三是开发更安全的无氟替代品。

“三位一体”方法

一、落实减少工厂 PFAS 排放的安全保障措施

二、在适当的时候减少 PFAS 使用

三、开发更安全的无氟替代品

2019 年，上述 3 个声明的主要作者又进一步发表论文阐述如何应对 PFAS 问题。他们并未武断地主张立即禁止所有的 PFAS，而是建议根据其使用的关键程度和替代品 / 替代技术的可获得性来对市场上数以千计的 PFAS 类产品进行细分，采用不同的策略来扭转当前 PFAS 未加有效管控而进入市场的现状。论文中建议把市场上的 PFAS 产品分为三类：第一类是非必要用途的产品，可以立即取消，因为它们对健康、安全或社会效益都不是必需的；第二类是可替代用途的产品，涉及已经或可能很快出现的 PFAS 替代品；第三类是必要用途的产品，包括尚未出现合适替代品的关键用途。

第一类物品包括 PTFE 涂层牙线以及用于布、地毯、纸张的防水、防油、防污整理剂。化妆品中的 PFAS 成分也不是必需的。EWG 指认了 17 种 PFAS，用于包括化妆品在内的个人护理产品，如聚四

氟乙烯和全氟萘烷，多家化妆品生产商已承诺将从产品中去除相关PFAS。

对于第二类PFAS则有合适的替代品。几十年来，PFAS一直作为扑灭B类火灾的泡沫灭火剂成分。但现在，不含PFAS的泡沫灭火剂已经上市，并在一些商业机场使用，如伦敦希思罗机场。具有替代品的另一个用途是防水夹克。PFAS替代品最初可能比含PFAS的产品更贵，但随着市场需求的增加，成本有望降低。

非必要用途

对健康、安全或社会运作而言并非必不可少的用途，使用主要由社会市场驱动。PFAS的使用可以逐步淘汰或禁止。

示例：化妆品中的全氟萘烷。

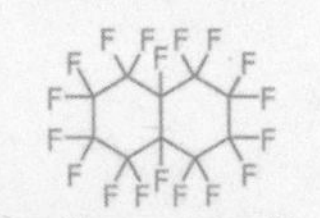

Perfluorodecalin

可替代用途

至关重要的用途，是因为它们具有重要的功能，但已开发出具有等效功能和适当性能的替代物质。PFAS的使用可以逐步淘汰或禁止。

示例：用作防水夹克上的聚四氟乙烯（PTFE）膜。

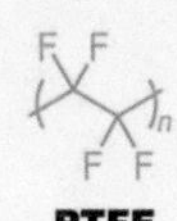

PTFE

必要用途

至关重要的用途，因为它们对于健康或安全或其他非常重要的目的是必需的，并且尚未开发出替代物质，替代品需要研发。

示例：用于氯碱生产的全氟磺酸膜。

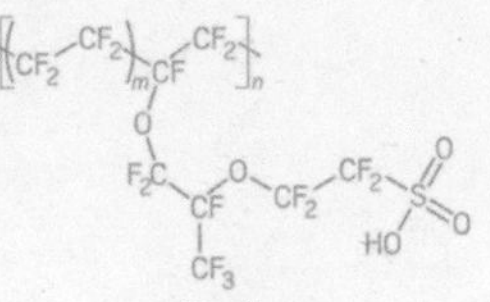

Nafion

第三类包括对社会至关重要的关键用途，而且没有确定的替代方法提供所需的技术功能和性能。以氯碱生产中用于离子交换的全氟磺酸膜为例，使用这些膜的电化学电解槽取代了有毒汞电解槽和致癌石棉制成的隔膜。但是，“必要”用途不应被认为是永久性的，不含 PFAS 的替代品的开发应该被鼓励。

参考文献

[1] The Lawyer Who Became DuPont's Worst Nightmare [N].New York Times, 2016-01-06.

[2] Environment Directorate Joint Meeting of the Chemicals Committee and the Working Party on Chemicals, Pesticides and Biotechnology. Toward a New Comprehensive Global Database of Per- and Polyfluoroalkyl Substances (PFASs). Summary Report on Updating the OECD2007 List of Per- and Polyfluoroalkyl Substances (PFASs) [R]. OECD Environment, Health and Safety Publications Series on Risk Management No.39. Paris, 2018. http://www.oecd.org/officialdocuments/publicdisplaydocumentpdf/?cote=ENV-JM-MONO(2018)7&doclanguage=en.

[3] Henry B., Carlin P., Hammerschmidt J., et al. A Critical Review of the Application of Polymer of Low Concern and Regulatory Criteria to Fluoropolymers [J]. Integrated Environmental Assessment and Management, 2018,14(3): 316-334.

[4] Cousins I. T., Dewitt J. C., Glüge J., et al. Strategies for grouping per- and polyfluoroalkyl substances (PFAS) to protect human and environmental health [J]. Environmental Science: Processes & Impacts, 2020,22(7): 1444-1460.

[5] Arp H. H., Hale S. E.. Identification of Substances for REACH-Practicalities [J]. Chemical Risk Assessment, 2013: 81-87.

[6] 肖进新，姚军，高展．碳氟表面活性剂与水成膜泡沫灭火剂 [J]. 化学研究与

应用 , 2002, 14(4): 391-393.

[7] Wang P., Lu Y., et al. Shifts in production of perfluoroalkyl acids affect emissions and concentrations in the environment of the Xiaoqing River Basin, China [J]. Journal of Hazardous Materials, 2016 (307): 55-63.

[8] Alexander G., Paul Kevin C., Jones Andrew J. Sweetman. A first global production, emission, and environmental inventory for perfluorooctane sulfonate [J]. Environmental Science & Technology, 2009,43: 386-292.

[9] 朱楚汉 . FC-80 铬雾抑制剂 [J]. 电镀与精饰 , 1985(2): 28-30.

[10] Arp H., Hale S., REACH: Improvement of guidance and methods for the identification and assessment of PMT/vPvM substances [R].Environmental Research of the Federal Ministry for the Environment, Nature Conservation and Nuclear Safety. Dessau-Roßlau, 2019. ArpHale_UBA_texte_126-2019_reach-pmt.pdf.

[11] Centers for DiCenters for Disease Control and Prevention. National Biomonitoring Program-Chemical Factsheets, Per- and Polyfluorinated Substances (PFAS)[EB/OL]. 2017-04-07. https://www.cdc.gov/biomonitoring/PFAS_FactSheet.html.

[12] 3M.Declining PFOA & PFOS Levels in People. 3M's Commitment to PFAS Stewardship [EB/OL]. https://www.3m.com/3M/en_US/pfas-stewardship-us/health-science/.

[13] ATSDR. Toxicological Profile for Perfluoralkyls: Draft for Public Comment [R]. Atlanta, GA:U.S. Department of Health and Human Services, ATSDR.2018-06. https://www.atsdr.cdc.gov/toxprofiles/tp200.pdf.

[14] Washington JW, Jenkins TM, Rankin K, et al. Decades-scale degradation of

commercial, side-chain, fluorotelomer-based polymers in soils and water [J]. Environmental Science and Technology, 2018, 49(2): 915–923.

[15] Mogensen U., Grandjean P., Nielsen F., et al. Breastfeeding as an exposure pathway for perfluorinated alkylates [J]. Environmental Science & Technology, 2015, 49(17): 10466-10473.

[16] United States Environmental Protection Agency. Fact sheet- PFOA & PFOS drinking water health advisories overview [EB/OL]. 2016-09. https://www.epa.gov/ground-water-and-drinking-water/drinking-water-health-advisories-pfoa-and-pfos.

[17] Cordner, A. et al. Guideline Levels for PFOA and PFOS in Drinking Water: The Role of Scientific Uncertainty, Risk Assessment Decisions, and Social Factors [J]. Journal of Exposure Science & Environmental Epidemiology, 2019,29 (6).

[18] European Chemicals Agency. Candidate List of substances of very high concern for Authorisation [R]. 2017. https://echa.europa.eu/candidate-list-table.

[19] United States Environmental Protection Agency. Assessing and Managing Chemicals under TSCA [EB/OL]. 2017-02. https://www.epa.gov/assessing-and-managing-chemicals-under-tsca/.

[20] Canadian Environmental Protection Act Registry. Consultation on the update to the national implementation plan on persistent organic pollutants [EB/OL]. 2015-05-11. https://www.canada.ca/en/environment-climate-change/services/canadian-environmental-protection-act-registry/publications/update-national-implementation-plan-pollutants.html.

[21] Amending Annex XVII to Regulation (EC) No 1907/2006 of the European

Parliament and of the Council concerning the Registration, Evaluation, Authorisation and Restriction of Chemicals (REACH) as regards perfluorooctanoic acid (PFOA), its salts and PFOA-related substances [J]. Official Journal of the European Union. 2017-6-14.

[22] Wang N, Liu J, Buck R, Korzeniowski SH, et al. 6:2 Fluorotelomer sulfonate aerobic biotransformation in activated sludge of waste water treatment plants [J]. Chemosphere, 2011(82): 853-858.

[23] 陈庆云 . 抑铬雾剂 F-53 的研制带动了有机氟化学的发展 [J]. 有机化学，2001,21(11): 805-809.

[24] Wang S., Huang J., Yang Y., et al. First report of a Chinese PFOS alternative overlooked for 30 years, its toxicity, persistence and presence in the environment [J]. Environmental Science & Technology, 2013 (47): 10163-10170.

[25] U.S. Department of Health and Human Services, Centers for Disease Control and Prevention. Fourth Report on Human Exposure to Environmental Chemicals [R]. 2017. https://www.cdc.gov/exposurereport/ .

[26] Lien GW, Wen TW, et al. Analysis of perfluorinated chemicals in umbilical cord blood by ultra-high performance liquid chromatography/tandem mass spectrometry [J]. Journal of Chromatography B, 2011(9-10): 641-646.

[27] 魏锐 . 不粘锅中的化学问题 [J]. 中学化学教学参考，2004(12).

[28] 杨莉莉，金芬，等 . 食品和食品包装材料中全氟化合物 (PFCs) 的研究进展 [J]. 食品工业科技 , 2014(8):367-372.

[29] Environmental working group. EWG’s guide to avoiding PFAS chemicals [EB/

OL]. 2018. https://www.ewg.org/key-issues/toxics/nonstick-chemicals.

[30] 高一川，卢鸯，黄一彤 . 户外防水功能服装中全氟化合物现状调查及对策分析 [J]. 中国纤检 , 2015(4):33-35.

[31] OEKO-TEX, Standard 100 by Oeko-Tex [EB/OL].2014. https://www.oeko-tex.com/en/our-standards/standard-100-by-oeko-tex .

[32] Food and Drug Administration. FDA Announces Voluntary Agreement with Manufacturers to Phase Out Certain Short-Chain PFAS Used in Food Packaging [EB/OL].2020-07-31. https://www.fda.gov/news-events/press-announcements/fda-announces-voluntary-agreement-manufacturers-phase-out-certain-short-chain-pfas-used-food.

[33] Scheringer M., Trier X., Cousins I., et al. Helsingør Statement on poly- and perfluorinated alkyl substances (PFASs) [J]. Chemosphere, 2014(114): 337-339.

[34] Blum A., Balan S., Scheringer M., et al. The madrid statement on Poly- and perfluoroalkyl substances (PFASs) [J]. Environmental Health perspectives, 2015(123): A107-A111.

[35] Ritscher A., Wang Z., Scheringer M.,et al. Zürich statement on future actions on per-and polyfluoroalkyl substances (PFASs) [J]. Environmental Health Perspectives, 2018, 126(8).

[36] Cousins I., Goldenman G., Herzke D., et al. The concept of essential use for determining when uses of PFASs can be phased out [J]. Environmental Science: Processes & Impact,2019 (21): 1803-1815.